快读
慢活

陪伴女性终身成长

女性的选择

[日] 坂东真理子 著 李中芳 译

浙江摄影出版社
全国百佳图书出版单位

目录

第2章 写给青春期到青年期的女性

第3章 人到中年，无形资产才是女性最大的资本

第4章 活到老，工作到老

第5章 选择决定命运

序章

现代女性能否活出自己的精彩

40多年来，我所看到的女性生存状况变化

1978年，我的处女作《女性要直面挑战》在日本出版了。那时的我是一名31岁的公务员，任职于日本总理府[①]妇女问题办公室下属的部门。当时，我参与撰写了日本首份妇女白皮书，在此过程中，我收集了关于当时女性生存环境和生存状况的大量数据，也仔细研读并对比研究了相关的法律法规。

成长在新宪法[②]下的我，一直坚信日本是奉行男女平

---

① 日本的一个重要行政机构，主要职能是综合调整各行政机关的施政和事务。——编者注（如无特殊说明，本书的脚注均为编者注。）

② 1947年开始实施，又称“和平宪法”。

等的国家。但眼前的数据却彻底颠覆了我的认知，这给我带来极大的震撼，同时也让我开始重新认识日本女性的现状。当时我所思所想甚多，但白皮书毕竟是官方文件，不允许掺杂任何个人感情。第一稿完稿后，我受到上司及有关部门的严厉批评，后来不得不对稿件进行了大幅修改。

当时的我对此感到万分沮丧。不过也有意外之喜，我收到了人生中第一次出书邀约。于是，我满怀欣喜和热情，写下了《女性要直面挑战》这本书。

常言道，“心有余而力不足”，当时我所感所悟颇多，却苦于无法用语言充分地表达出来。我只能尽我所能，为这本书倾注自己的一腔心血。

时光如白驹过隙，一眨眼40多年过去了。如今重读这本书，我仍能体会到年轻时的自己想要努力表达自己想法的那份心情。只是当时的我太过心急，恨不得把所有的感悟一股脑儿地都写下来。如今读来，不由得产生一种既痛惜又略带惭愧的复杂情绪。成书2年后，我以研究员的身份赴哈佛大学班廷研究所留学。后历经数职，于1993年出任总理府妇女问题办公室主任。该部门于1994年更名为男女共同参与办公室，部门职责也有所变更。

此后，我先后担任埼玉县副知事、驻澳大利亚总领事，并于2001年1月初担任内阁府男女共同参与局局长。2003年我从该职位卸任后，又先后担任昭和女子大学的教授、副院长、院长、理事长、校长。

在这漫长的岁月里，我处理过大大小小的事务，见识过各种各样的事情，也接触过形形色色的人。与年轻时的自己相比，我的思想不断成熟，也拥有了敏锐的洞察力和强大的心理承受力。回头想想，如果让现在的自己撰写《女性要直面挑战》，一定会更得心应手。但同时也会想：正是身处的那个时代和那样的社会环境，才成就了那本书。

最令我感慨的是，40多年过去了，到了今时今日，女性仍旧承受着来自社会各界的无形的歧视。人们一如既往地希望女性在家庭和职场中充当服务他人的“温良贤淑”的角色，而女性自身也被这种价值观紧紧地束缚着。不少女性觉得自己并无过人之处，对自己信心不足。这种现状离经济、社会乃至政治领域的男女平等相去甚远。面对这种现状，我不得不承认，在过去的几十年间，日本社会在支持女性成长方面几乎停滞不前。我也深刻地认识到，我们这辈人所做的努力只是杯水车薪，且力有不逮，根本无法从根本上改变现状。

不过，我们在某些方面还是取得了一些成效。40多年前，不少女性在所谓的“适龄期”匆匆结婚，或因怀孕、育儿而辞职。当时，“孩子在3岁以前必须由母亲亲自抚养，母亲的角色至高无上”之类的论调甚嚣尘上，一度成为一种社会共识。而40多年后的今天，日本女性生育并休完产假后回到职场继续工作，已经成为一种社会常态。

过去，“适龄期”一词曾极大地影响了女性的人生规划，如今这个词早已无人提及。当时人们普遍认为，女性的结婚适龄期在22—24岁，25岁前一定要结婚。这种婚姻观曾极大地束缚了女性的个人发展，如今也已成为历史。当时的女性在23—25岁纷纷结婚，而如今城市女性普遍在30岁以后结婚，甚至还有些女性五六十岁才结婚。越来越多的人开始意识到，其实女性年纪越长，反而越有魅力。在这个“百岁时代”里，不管是外表上，还是意识层面，中年女性的变化尤为显著。

40多年前的日本，人们普遍认为女性结婚以后就要改为夫姓。我在媒体上发表文章时会用本姓“菅原”作笔名，这在当时也算奇闻一桩。不过我当时是公务员，即便有人问起我，我也会这样解释：在我从事公务员相关工作时，我会使用我的户籍姓氏[①]“坂东”；在我表达个人观点、进行社会活动时，就需要用我的本姓“菅原”。后来在我担任局长时，女性公务员开始可以在各种场合都使用本姓。而如今，很多女性婚后在职场和社会活动中也一直沿用本姓。在大学等高校中，女性学者基本上在任何场合都会使用本姓。

而最大的变化莫过于1985年，即《男女雇佣机会均等法》颁布的那一年。在那之前，日本的企事业单位招聘时，普遍奉行“招聘四年制大学毕业生，且仅限男性”的

① 在日本，结婚登记后，女方的户籍会从原籍迁出，加入男方的户籍，并改为夫姓。

政策。而即便是从四年制大学毕业的女大学生，也只能从事助理的工作，接受与高中毕业生或短期大学[①]毕业生相同的待遇，或者根本没有机会被录用。也正因如此，很多优秀的女高中生认为，比起四年制大学，短期大学更容易找到工作，从而选择就读短期大学。

当时日本的普通家庭都不算富裕，因此父母一般会让家中的男孩去读大学，而认为女孩不好就业，且终究会嫁作人妇，于是只让女孩读到高中或上个短期大学。很多男性认为，丈夫的学历高于妻子才是最佳状态，夫妻关系也最为稳固。我中学时的很多同班女同学，学习能力很强，也很爱学习，却高中一毕业就参加了工作。

不过，《男女雇佣机会均等法》仅仅提及“在招聘和晋升方面，应当尽量做到不歧视女性”，并未制定相应的奖惩制度，约束力显然不足。虽说如此，这部法律的颁布还是给企业政策带来一定的冲击，少数女性就职综合类岗位时，开始享受和男性同等的待遇。在该法律颁布之后，于

---

① 学制2—3年，以培训入社会后的必需技能为教育重点。短期大学的毕业生被授予准学士学位。

20世纪80年代后期入职的第一批女员工中，如今已有一些人跻身公司的董事会。

1989年，日本的出生率跌至历史新低。面对这种状况，日本政府于1991年颁布了《育儿假法》。该法律规定：若被雇佣的女员工提出申请，就可享受1年内停薪留职的育儿假权利。之后，日本政府又数次加强了该法律的具体实施工作，并不断予以完善。现在的育儿假期已经延长至2年。在孩子满6岁前，即便是正式员工，也能申请缩短工时，而且托儿所数量也增加不少。在1978年前后，很多女性就业后会因生产和育儿而辞职，等孩子大一点后再重回职场。女性的劳动参与率在30岁左右会有所下滑，然后又有所回升，由此形成所谓的M型曲线特征。如今，M型曲线最低点的数字有所上升，大幅下滑的情况几乎不复存在。这就意味着女性连续工作的年限在不断延长。

但有些方面历经40多年，仍旧在原地踏步。

世界经济论坛公布的2022年全球性别差距指数（Global Gender Gap Index）显示，在146个国家中，日本的女性地位仅排第116位[1]。虽说日本女性的地位在逐渐提高，但速度太过缓慢，根本无法追赶上快速发展的其他国家。

其中，在政治、经济领域，日本女性地位的提高太过缓慢，就连教育和健康领域，日本女性的现状也远比我们想象的糟糕。在其他发达国家，女性的四年制大学毕业率（并非升学率）比男性还高，进入研究生院深造的女性也大有人在。而在日本，不管是四年制大学的入学率，还是研究生院的入学率，男性都要高于女性。此外，虽说日本女性的平均寿命比男性长，但与健康寿命[2]之间的差距却比男性要大。这也成为当前的一大社会问题。

那么，是什么造成了这样的现状呢？明明男女平等、机会均等已经受到法律的保护，可人们的思维和行为模式还未完全摆脱四五十年前，甚至百年前明治时代的社会制度的影响。它主要以无意识偏见的形式存在，影响着人们的思维模式。人们普遍认为，这种无意识偏见主要表现为

---

① 中国排名第102位，日本在发达国家中垫底。

② 指人体能维持良好日常生活功能的平均生存年数，重点在于生命质量。

中老年男性对女性所持的一种歧视甚至蔑视的固有思维模式。从2021年2月森喜朗的不当言论[1]中我们也能看出，像他一样对女性的特质和能力持偏见的男性依旧大有人在。整个日本社会都充斥着像森喜朗一样的人。因此，我们要行动起来，努力改变这种固有观念。

但更可怕的是，女性自身也对女性群体持有一种无意识的偏见。比如：女人做家务、育儿、照顾老人天经地义；女人不适合从事对心理和身体素质要求很高的工作；女人在学校时成绩好没用，一到社会上就无用武之地了；女性情感过于丰富、细腻，无法理性地思考问题；女人只要得到优秀男人的青睐，就能过得幸福；女人要是太成功，就会被其他同性嫉妒、孤立，男人也会对她敬而远之；女孩子只要快乐成长就好，用不着太拼命；女孩子不那么聪明也没关系，只要够可爱，大家就都会喜欢她……诸如此类的固有观念会摧毁女性的斗志，并极大地束缚女性自身的发展。

---

① 森喜朗抱怨女性“话太多”，招致日本国内外的强烈批评。他于当月12日辞去东京奥组委主席一职。

诚然，女性在一生中会遇到各种艰难险阻。但无论是搞研究还是工作，只要用心去做，就一定能成功。还未尝试就轻言放弃，这样未免太过可惜。在日本社会，女性会遇到男性无法想象和不必经受的各种偏见与歧视。勇敢地站出来，揭露和批判这一切的态度固然重要，但如果因此产生“这个社会和男性都对女性持有偏见，女性根本不可能与之抗争”的想法，从而裹足不前的话，未免更让人痛心。没有人抛出石头掀起波浪，整个社会永远都不会发生改变。

在我看来，批判男性的思维模式、呼吁男性改变对女性的看法并改变社会制度的态度固然重要，但首先要自己行动起来。我始终坚持这种信念，在我所有的书里，也一直坚持鼓励女性要生机勃勃地、充满自信地走好自己的人生路。

如果可以和理解女性且有影响力的男性一起并肩改变社会，当然最好不过。但要想得到男性的支持，女性自身首先要做好一切准备，踏出关键的第一步。触动他人的内心何其艰难，关键在于自己首先要积极行动起来！

我曾在书中提到“女性要有野心”。这句话并不是要女性盲目乐观地看待一切，坚信女性的未来会越来越美好，而是鼓励女性，特别是年轻女性，虽说前路坎坷，但要永不放弃，放手一搏。

时隔40多年，我的初心依旧没有改变，想通过这本新书对年轻女性和年岁渐长的女性朋友们说出自己的心里话：永不放弃！从身边的小事、力所能及的事开始改变吧！

致我的30岁、40岁，以及70岁

1978年写第一本书的时候，我刚刚31岁。经历了20多岁时的迷茫、踌躇、苦闷和痛苦挣扎之后，公务员的工作终于有了一些起色。在20多岁时，我总觉得自己并不适合当公务员，再加上工作中还做不到独当一面，因此，我毫无自信，认定公务员这份工作肯定做不长，并且对未来的规划一片茫然。就这样，我草草结婚、生子，日子过得很是匆忙。

写第一本书的时候我的大女儿刚满5岁。当时，在幼儿园老师、母亲、姐姐和邻居的帮助下，我总算慢慢树立起做母亲的自信，也看到了一丝希望，觉得自己能够养好孩子。但对于未来，我仍旧没有十足的信心，时常为此愁眉不展。于是我开始不断地激励自己，要对未来充满野心。

在写书的过程中，我仿佛在一条长长的隧道中终于看到了前方的阳光，呼吸到了一股新鲜的空气。《女性要直面挑战》一书的顺利出版令我深受鼓舞，让我觉得自己也是可以做出一些成绩的。

年过三十，我终于开始真正认识自己，发现了自己身上蕴藏的潜能。与处于一片黑暗的20多岁相比，那时的我已经拥有了更为丰富的人生阅历，且小有成就。写完那本书后，我得到了人事院的进修机会，远赴加拿大进行调研进修。后来回日本后，我被调到经济计划厅，有幸接触到很多新的人和事。紧接着，我以研究员的身份赴哈佛大学班廷研究所留学。而出书这件事也给我带来了新的机遇。30多岁时的我一边从事公务员的工作，一边出版了10本书。父亲去世后，母亲决定从富山搬来东京助我一臂之力。那个时候，我迎来了第二个孩子。步入35岁之际，我感觉自己终于快要实现事业和家庭的平衡了。

尽管如此，一想到马上就要步入40岁的行列，我就很难开心起来。到了这个年纪，女性已过了风华正茂的黄金时期，有可能会成为人们口中的“大妈”。我为此忧心不已。然而事实证明，40岁以后的人生际遇远远出乎我的意料。我又结识了更多的人，也晋升至管理层，担任团队的负责人，公务员的工作也干得风生水起。与30岁时女性生理上的鼎盛期不同，40岁的我迎来了事业上的鼎盛期。我不断接触到新的人和事，体会到了不同的乐趣。快到50岁时，我担任日本埼玉县副知事，开始展开新工作，也融入了新的圈子。这让我忘记了自己渐长的年龄。56岁时，我结束了公务员的职业生涯。但让我意想不到的是，自己有幸开始在培养年轻女性的昭和女子大学任职，并从此在教育界继续发光发热。紧接着，我在60岁时出版了《女性的品格》一书，人生第一次拥有了300多万名读者，看到了更广阔的天地。如今，我的两个女儿和我一样，为人母的同时还拥有一份自己的事业。

现在的我已过75岁，又站在了人生的一个新舞台上。

想必十几年前读过《女性的品格》一书的读者们，如今年岁渐长，人生阅历更加丰富，思想也越发成熟。不知当时我鼓舞过的那些年轻女性读者如今是什么模样。当时那些刚步入职场的女性之后的职业生涯是否顺畅？她们今后又会踏上什么样的人生旅途？

世事变幻，年岁渐长，女性会面临更多新的烦恼与迷茫。随着百岁时代的来临，未来社会将会是一个崭新的社会，70岁不会是人生的终结。有些女性能活到90岁，甚至超过100岁。我们该如何过好这一生呢？——这是每一位女性朋友都要思考的问题，并且应该为自己的人生做好选择与规划。

此外，我还想以过来人的身份，给女性朋友们鼓鼓劲！我衷心地希望，各位女性读者在读完我的这本新书后能有所启发，从中获得不断前行的力量。

第1章

困在“世间偏见”里的女性

日本女性面临的社会现状

社会发展至今时今日，不管是在教育、职业方面，还是社会生活的其他领域，男女平等都受到了包括宪法在内的一切法律的保护。聪明能干、思虑周全且身心健康的女性本该可以胜任任何工作。

但正如序章中提到的，世界经济论坛公布的全球性别差距指数显示，在146个国家中，2022年的日本女性地位仅排第116位。迄今为止，日本还未有过女首相，众议院议员中女性议员占比不到10%，企业管理层中女性的占比不足15%。虽说女性董事会成员和总经理的数量有所增加，但仍属极少数。

与40年前相比，如今日本的女性开始进入更多的领域就职，女性的生存环境也稍微有所改善。但日本女性的地位仍远远落后于其他国家。特别是日本女性面临一个问题：女性收入偏低，超过一半的女性员工属于非正式员工，工作环境极其不稳定。

我曾在其他书中提到过，刚30岁出头的我，身边不少女性朋友各自选择了不同的人生。而同龄的男同学大多进入大型企业工作。当时正值日本经济高速增长期，同龄的男性们肩负国家的重任，你追我赶向前冲。各大企业的骨干几乎都是男性，人们期望着他们成为赚钱的主力军，担起养家的责任。

相比之下，整个社会对女性并未寄予厚望，女性反而得以自由地发展。比如，当时进入文学和音乐领域的女性很多。这主要是因为今后就算成不了专业人士，只要一结婚，就无须再为生活担忧。再比如，虽说现在也有一部分男性开始从事志愿者活动，但当时在家长教师联合会（PTA）、消费者自助服务中心和居民自治会等团体中工作的几乎都是女性。这是因为女性没有赚钱养家方面的压力，才得以活跃于与收入不挂钩的社会福利和文化活动领域。这也是那时候女性的一大优势。正因如此，获得芥川奖等文学大奖的女性作家的比例才会有所上升。而且，支撑茶道、花道、诗歌等日本传统文化发展的主力军也是女性。

如今，在体育领域取得巨大成就的女性也越来越多。40年前的日本，女性只能参与排球和垒球等少数几个竞技项目。而如今，无论是专业运动员，还是业余运动员，女性可以参与任何一个竞技项目。在国际赛场上，只要女性有实力，即使遭遇偏见，也能用成绩证明一切。而且获得奥运会金牌的女性运动员比男性还要多。女性运动员还活跃在专业高尔夫球、女子足球、女子柔道和空手道等领域。估计只有相扑比赛看不到女性的身影。但即便如此，体育界仍不时爆出女性遭遇霸凌或性骚扰等丑闻，以男性为中心的陈腐思想仍在从中作祟。究其原因，大概是长久以来体育界都以男性为中心，高层和体育团体无法妥善应对当下女性越来越活跃的局面，因此才会龃龉不断。

然而，与文化和体育等领域截然不同的是，在企业和政治等对社会产生直接影响的领域，身居高位的仍然是男性居多，女性只占极少数。40多年过去了，我东京大学的女同学中，担任大学教授、学者或律师等专业职务或当公务员的，职业生涯还算比较顺利。而当时压根没有女同学愿意进入民营企业，更没有成为企业家或政治家的女同学。

与此相反，男同学中有位至大银行集团的行长或董事长、大企业的总经理、中央省厅[①]的官员，甚至是内阁总理大臣（鸠山由纪夫），人才辈出。大多数男同学都担任了企业的中坚力量，一生顺遂。他们肩负着促进日本经济增长的重任，身处企业高层，纷纷做出一番成绩，收入颇丰。相比之下，与我同时代的女性就没有这样的机会。

2003年（当时我还在担任内阁府男女共同参与局局长），日本政府制订计划，要在2020年将日本各个领域管理层岗位女性的任职占比提高到30%。但令人遗憾的是，最后并未实现这一目标。2020年，企业管理层岗位和众议院议员的女性占比分别仅为14.8%和9.7%。此外，日本政府建议

① 为日本中央的行政机构，相当于中国的“部委”，包含总务省、法务省、厚生劳动省、文部科学省等12省厅。

上市公司的董事会要保留一名女性席位，但这一建议并非强制措施。

在政治领域，日本政府于2018年出台了《政治领域男女共同参与推进法》，这也仅仅是对政党的一种呼吁，既无处罚条例，也无强制性。

无论是男性现任议员众多的执政党，还是男性现任议员较少的在野党，都对拥立女性为候选人望而却步。他们认定，即便拥立女性为候选人，也很难得到足够的票数。而且，女性投票人也不会投票给女性候选人。这和采取三成议员为女性的配额制度的一些发展中国家，以及实行“女性候选人人数少时相应地减少政党补助金政策”的法国相比，其强制力完全无法相提并论。

虽说与1975年仅为2.1%的女性众议院议员的占比相比，如今的9.7%也算是有了大幅提升，但瑞典和芬兰等国的女性议员占比已超过40%，其他很多国家的这一占比也能保持在30%左右。日本则远远落后于这些国家。其实40年前，北欧各国女性国会议员的占比也非常低。如今的成绩都是政府雷厉风行地修订法律，以及政党大力推进的结果。

德国有前首相默克尔，芬兰和新西兰等国也有女性担任总理一职。虽说日本也有东京都知事小池百合子、前横滨市长林文子等女性领导人活跃于政治舞台，但仅占整体的5%。

女性不仅很难在政治领域的决策岗位有一席之地，在经济领域获得稳定收入的女性也为数不多。女员工中，短期合同工、兼职等非正式员工占比为54%，已超过半数。并且，女性非正式员工的收入不足男性正式员工的一半，仅为40%左右。在日本社会，人们普遍认为男性负责养家，女性即便工作，收入也只够稍微贴补一些家用。正是这种固有观念导致了男女在收入上存在较大差距。另一方面，《男女雇佣机会均等法》颁布的同一年，日本政府还颁布了劳务派遣法。作为派遣社员[①]工作的女性不断增加。过去30年间，日本经济持续低迷，企业不断缩减人工费用。其中最受影响的主要是女性，尤其是包含派遣社员在内的非正式员工。即便招聘新员工时，女性表现得更为优秀，入

① 派遣社员不直接跟雇主公司签约，而是和人才派遣公司签订合同，被派遣到企业工作。自由度高，但收入不稳定。不少工作是按1个月上满多少小时来计算薪酬，也有的直接算时薪。

职后企业对女员工的培养力度也很不足。而且长时间工作和因岗位调动搬家已成企业的常态。这也导致结婚或生育后的女性无法在同一个岗位上工作很长时间。

因为连续工龄不够长，很多女性在职场中都没有机会参与进修深造，更没有机会担任某个项目的负责人，当然也就无法晋升至管理层。这也就意味着在奉行集体主义的日本企业里，他们从未真正将女员工看作这个集体的一分子。即便日本政府积极推行、延长育儿假，增设更多的托儿机构，女性未来的职业道路仍不明朗。如今的日本，仍有近半数女性因生育或育儿而选择辞职。

在日本，女性辞职后等孩子长大些再返回职场时，一般很难成为大企业的正式员工。因此不得不以兼职、派遣或短期合同工等非正式员工的身份工作。非正式员工即便能够做长时间兼职或做到合同店长，工作能力方面毫不逊色于正式员工，也只能拿低工资，而且将来升职加薪的可能性微乎其微。也有很多女性要靠自己的收入独立生活，或肩负着养育孩子的责任。靠这么低的工资，她们生活得很艰难。据一些调查显示，日本未婚单身女性的平均年收入只有198万日元[1]。

“做家务、育儿和照顾老人是女性的责任，赚钱养家是男人的责任”这一固有观念，也可以称之为无意识的偏见，不仅存在于男性心中，同时也深深根植于女性的内心。我认为，这也是职场歧视一直存在的重要原因之一。日本政府于1991年颁布的《育儿假法》几经修订，现在女性生育后可以申请休假直到孩子满2周岁，而且在孩子满6周岁前可以向所在企业申请缩短工时。即便如此，现在仍有很多人坚称“孩子在3岁之前必须由母亲全权照顾”。而大量研究表明，只要让孩子身处一个环境稳定、充满温情的托儿机构中，即便没有母亲在身边照顾，也不会影响孩子的身心发育。但想要改变这种根植于内心的固有观念何其困难，至今仍有很多人持有这种陈腐的观念。与此同时，不少职场女性也常会产生一种“罪恶感”：我家务没做好，我没能尽心尽力地照顾好孩子，我不能因为自己的工

① 约合人民币10万元。

作而影响丈夫的“仕途”……

职场女性首先要让自己从这种“罪恶感”中解放出来。每一个女性都应当用事实来证明一切，而不是被这种固有观念所左右。而且，如果女性自身都无法从这种无意识的偏见中解脱出来，也不去呼吁身边的人，那么整个社会永远都不会发生改变，女性永远都无法活出自己的精彩。

那么，每一个女性如何才能做到正视现实，努力改变自身和家人，包括下一代的想法和行为呢？昭和女子大学一直致力于女性的职业教育和为女性提供就业支持，致力于为女性提供更优质的教育，好让她们将来能够从事有价值且稳定的职业。但这也只是杯水车薪。

要想改变整个社会，不仅需要女性自身改变想法和行动，还需要社会、职场、包括其丈夫在内的家人一起做出改变，面对各种因素相互交织的复杂局面，一一予以妥善解决。若听之任之，必然是一场旷日持久的无力战斗。

虽说提倡消除正式员工与非正式员工的待遇差别的“同工同酬”制度尚未实现，但在日本经济长期低速增长的背景下，一直以来都奉行集体主义的职场中，终身雇佣制和论资排辈的工作方式已开始发生一些变化。日本职场出现了一种明确规定员工具体职责的绩效制[①]工作方式。这或许能为日本的女性打开一扇新大门。虽说绩效制伴随着承担自我责任的风险，相较于过去是一种比较严苛的工作方式，但今后一定会有越来越多的企业采用这种方式。

如今日本经济增长缓慢，新企业中就业岗位增长有限，工资薪酬原地踏步。在这种背景下，女性必然首当其冲。因为女员工中兼职、短期合同工和派遣社员等非正式员工的占比高达54%。我们甚至可以说，正是女性的低工资在为这些不思改革的日本企业续命。女性为何无法对抗这种被区别对待的雇佣制度呢？日本为何无力像欧美一些国家那样，推行配额制或机会平衡制度，来推动社会层面的改革呢？我置身其中，却无法改变这一切。一种无力感和对下一代女性的罪恶感紧紧攫住了我的心。为此，我深刻地认识到，光是呼吁“都是因为这个社会歧视女性，死守着陈旧的制

① 类似于中国一些企业推行的KPI（关键绩效指标）制度。

度和观念，日本经济和社会才会衰退至此”，却不付诸任何行动，根本于事无补。我们这一代人，未能极大地改变这个社会。我们不仅要反省自身力量的弱小，认真思考如何做才能改变这个社会，与此同时，我们还要永不放弃，与下一代女性并肩作战！

性别角色分工观念仍根深蒂固

联合国将1975年定为国际妇女年，并于这一年在墨西哥召开了第一次世界妇女大会。这次大会通过了《实现妇女年目标而制定的世界行动计划》。这一计划提到，“男性负责工作，女性负责家庭”及“男主外，女主内”这种用性别来分工的、僵化的“性格角色分工观念”才是万恶之源。我非常赞同这种观点。在此之前，人们普遍认为，男性和女性在体力、体格、性格和适应能力等方面有着天生的差异。女性劣于男性的现状全是这种生理差异使然，根本无从改变。

我自己并不属于那种“贤良淑德的传统女性”。我自认比普通女孩体力更好，学习成绩也更优异，但这种想法仅限于校园时代。进入社会后，我曾一度认为，因为自己是女性，所以无法像男性一样做出一番成就。究其背后的原因，与其说是个人能力的差异，不如说是性别角色分工观念导致的。我们女性在成长过程中，一直被灌输着这种由性别主导的社会分工的观念。而且在我们工作和参与社会活动时，整个社会也没有给我们表现自我的机会。这才导致了男性和女性的差异。联合国也曾大力呼吁女性，不要将自己看作比男性劣等的“第二性”。这句话驱散了我内心的阴霾，女性所面对的问题也清晰地呈现在我眼前。

我喜欢读历史，但在历史上留下浓墨重彩的几乎都是男性。也就是说，所谓的人类历史无非是“男性写就的历史”。不过这只是表面现象，世界各地的情况也各有不同。在10世纪之前，日本女性的影响力主要体现在其他领域。比如，日本既非父系社会，也非母系社会。在父母双系社会中，父亲在地位和职业方面，母亲在生产活动、结婚及确定继承人方面分别有着很大的发言权，而房屋和土地则由母亲传给女儿。后来，到了武士时代，随着儒教的传入，男尊女卑的思想才逐渐成为社会的普遍共识。但即便如此，在工商业者和农民群体中，女性仍旧拥有继承权和财产权。另外，无论是在狂言[①]还是落语[②]中，出现的女主人公都是能支撑起整个家业的女强人。

读过女性史和性别社会学方面的研究成果后，我的观点也在慢慢发生改变。但至今仍有为数众多的日本人误以为，男尊女卑是日本自古以来就有的传统。日本皇室中男性皇族长子继承的惯例、户籍制度及夫妻同姓其实都是明治时代之后产生的制度，延续至今仅历经几代，绝非古已有之。

不过，在过去的40多年间，这种深深根植于人们内心的性格角色分工观念也发生了一些变化。1978年，日本政府颁布了《学习指导要领》修订版，规定家庭课也列入男学生的必修课。一部分人认为，该要领的修订也对性格角色分工观念的变化产生了一定影响。从此之后，一部分年

① 日本四大古典戏剧形式之一。兴起于民间，穿插于能剧剧目之间表演的一种即兴、简短的笑剧。

② 日本的传统曲艺形式之一。类似于中国的单口相声。

轻男性开始在育儿和家务（主要是做饭）方面协助妻子。我这一代人普遍认为，到幼儿园接送孩子是女性（母亲）的工作。孩子的祖父母或外祖父母也会搭把手，但父亲因为需要工作，根本不会去帮助妻子。偶尔父亲来幼儿园接孩子，都算是稀奇事，因此还会获得周围人的一通表扬。而现在在昭和女子大学附属幼儿园里，早上送孩子的家长中有一半是孩子的父亲，下午放学时不少父亲也会来接孩子。在年轻一代的双职工家庭中，男性和女性共同分担照顾和养育孩子责任的观念已经逐渐深入人心。

但即便如此，与其他发达国家相比，日本的男性在很大程度上仍旧深受性格角色分工观念的束缚。虽说瑞典和美国等国家的女性参与育儿的时长也比男性长，但两者之间的差距没有像日本这么大。在其他一些国家，一个有6岁以下儿童的家庭中，女性与男性参与家务和育儿的时间比例为3：2，但在日本却为5：1。在这种近乎“丧偶式育儿”的过程中，育儿的大部分责任都压在女性的肩头。而男性总是会以工作和社交为借口，将自己不顾家的行为“合理化”。

除育儿外，女性还要承担绝大部分的家务。虽说家务都是一些琐事，可以利用零碎时间完成，也不需要很大的体力，比如垃圾分类、收拾床铺、提交各种申请表、处理文件、清洗整理衣物等，但这些非做不可却“鸡毛蒜皮”的家务，最后都会落在女性头上。还有很多男性认为，做家务就是女性的工作，而自己负责赚钱养家，在这个家里就是“一家之主”，理应接受女性的“服务”。这样的想法仍旧残留在一部分男性的潜意识里。男性认为，体贴入微、会照顾人的女性就是“有女人味”。而男性这种复杂又狡辩的思想会增加女性的精神负担，并成为她们迎接新领域挑战的绊脚石。

“男性只需要把工作做好，照顾家庭是女性的责任”的性别角色分工观念，在全职太太普遍存在的20世纪后期曾发挥过一些作用。但今时今日，双职工家庭已经成为日本社会的主流，这种观念早就应该被淘汰。可以说，正是这种陈腐的观念才导致了日本的少子化[①]。

① 指生育率下降，造成幼年人口逐渐减少的现象。少子化代表着未来人口可能逐渐变少，对社会结构、经济发展等各方面都会产生重大影响。

如今，越来越多的女性积极地走向社会。但已婚女性在分担经济责任的同时，还要承担起家务、育儿和照顾老人的责任，而丈夫只是偶尔搭把手。大部分男性还没有与妻子共同承担这些责任的意识，这直接导致了女性的晚婚甚至不婚，这也是少子化的一个重要原因。对女性而言，在职场上要与男性承受相同的工作负荷，回到家还要承担家务和育儿的责任。这就好比是让女性背负着沉重的包袱与男性进行百米赛跑。

在一些欧美国家及中国，女性找到工作并开始分担经济责任时，就会要求男性一起分担家务。但在日本，女性并未明确表明自己的要求，这也助长了企业和社会陈腐体制的变本加厉。为什么其他国家的男性都能做出改变，唯独日本男性丝毫没有长进呢？难道仅仅是因为日本男性在职场上长时间工作后筋疲力尽，完全顾及不到其他事情吗？（然而，他们却有空打高尔夫球和社交。）还是因为日本女性太过隐忍，把男性该做的事情都做了呢？虽说这其中的原因有很多，但我认为一个很大的原因就是，女性自身被无意识的偏见所束缚，自认为无计可施，于是听之任之。的确，如今的日本女性普遍对自己的能力缺少自信，无法下定决心做自己人生的主人，因此她们的呼声才会如此微弱。

生为女性真的好吗

我现在可以把自己的故事当个笑话讲给大家听了——我出生时父母真的极其失望。

我在四姐妹中排行老四，是的，母亲第四胎“又”生了个女孩。

当时的日本，家族制度的思想仍大行其道。像我们这种没有男孩的家庭，别人会觉得是一种不幸，还会同情我们“后继无人”。

当时有一种流行的说法：家里要是有3个女孩，这个家一定会败掉。在我出生的富山县，娘家要为出嫁的女儿准备结婚用品，在女儿婚后还要准备盂兰盆节[1]和年末的各种礼品，女儿生下孩子后还要准备孩子的日常玩具、婴儿服、男孩节[2]或女孩节[3]的用品及上小学时用的书包等。这在如今看来有些匪夷所思，但当时的人们普遍认为，不赚一分钱的妻子要靠丈夫养活，所以才要娘家出钱。而事实上也有可能是因为女儿没有继承权，所以父母才要在活着时赠与女儿一些钱财。

小时候父母很疼爱我，而且也没有兄弟可以比来比去。我在家里从未觉得自己身为女孩有什么不好，在父母的关爱下茁壮成长。而且，在读幼儿园和小学时，或许是因为女孩的发育要比男孩快，我很擅长运动。我一直坚信自己比那些男孩更聪明，体力也更好。可周围的大人常常会说些“她可真像个男孩”“她要是个男孩该多好啊”之类

---

① 日本重要的民间节日，每年8月13日至15日举行各种祭祀祖先的活动。盂兰盆节起源于中国。

② 每年5月5日是日本男孩节。人们会悬挂鲤鱼旗迎接男孩节，以期盼孩子健康成长。

③ 每年3月3日是日本女孩节。在家中摆设偶人架是女孩节的传统庆祝活动。

根本称不上是称赞的话，还有些人会直接说“你是个女孩真是太可惜了”“你当个女孩真不值啊”。甚至有人会说些近似诅咒的话：“女孩就算小时候成绩好，以后也会被男孩赶超的。”

当时人人都觉得，男孩将来有更大的发展空间，而女孩不管成绩多好，多活泼，等长大成人后就很难有用武之地了。或许是受这种观念的影响，当时的我对于将来要做什么工作完全是一片茫然。不过我在家乡读小学和初中时，在学校里并没有受到歧视，初中时还当过学生会会长。后来我进入富山市的县立名校，并最终考入东京大学。

我的父母非常善解人意，并没有因为我是女孩就阻拦我，而是欣然支持我的选择。虽说当时我立志要考入东京大学，但其实我对将来想做的事情和要从事的职业并没有一个明确的目标和规划。我只是单纯地认为，只要能上东京大学，我将来的选择机会肯定会多一些。于是下定决心离开家乡求学，从此开始了在东京的生活。

那个时候的高中生，复读一般会就读于专门的补习学校，而应届生主要还是靠自己在学校学习。当时男生普遍都有考名牌大学的压力，就算复读他们也要努力考入一流的大学。因此那时，男生复读一年的现象很普遍，而女生基本上都认为考上一所学校就行，不管学校好坏，所以没有十足的勇气是不会选择复读的。

升入东京大学时，我其实并没有长远的个人规划。在学习过程中，我渐渐明白自己并不适合做文学方面的研究，更不可能成为文学家。后来我到昭和女子大学任职，每次被人问起自己的专业，都有些不好意思。很多大学教师在大学和研究生期间研究的就是相同领域的课题。对于他们来说，在某专业领域的研究成果是相当重要的。有几个跟我同级的女生虽不是法律系的，但也通过了司法考试，后来还当上了律师或检察官。我不太喜欢学法律，也就没有太关注这方面，就没去参加考试。

临近毕业找工作时，我第一次深切体会到了日本社会对女性的歧视。当时正值日本经济高速增长的后期。同级男生收到无数封民营企业寄来的资料，一些在大公司工作的学长也已经提前和同级男生打过招呼，却没有一个人联系我们女生。我很纳闷，就跑去问就业指导室的老师。结果负责人告诉我：“女生最擅长考试，你们应该去参加公务员考试。”我这才慌里慌张地开始学习、备考，好在后来总算通过了考试。但厚生省不招聘女性，劳动省倒是每年会招聘女性，但当时已经内定了法律系毕业的同级同学。我又寻觅许久，后来终于被总理府录用，真是欣喜至极。当时任职人事科科长的秋富先生对我有知遇之恩，一直对我很关照。

之后我与高中同级的同学结婚，并于2年后生下了大女儿。当时的产假只有产前6周和产后6周。生完孩子后，我不得不很快回归职场，但由于没有找到合适的托儿所照顾孩子，到第二年4月之前，一直都是由母亲和姐姐帮忙的。当母亲实在抽不出空来照顾孩子时，我还求助过我的父亲。

我一直拼尽全力地养育着孩子，但在内心深处对于自己生了个女孩这件事还是有些失望的。因为如果是个男孩，他就可以有更多的选择空间，但女孩就只能像我一样受到这个社会的歧视。我觉得很对不起大女儿，让她一出生就不得不接受残酷的现实。而且，就因为我生了个“期待之外”的女孩，还有些亲戚居然当面“安慰”我说：“下一胎生个男孩就好了。”

1975年，日本政府为了筹备国际妇女年的工作，在总理府新设立了妇女问题办公室。我正是那个时候被调去该部门的。当时我在青少年对策本部负责撰写青少年白皮书，并参与了青少年问题审议会的事务，工作好不容易开始走上正轨。因此，被调到妇女问题办公室时，我心里并不痛快。新部门的上司是原劳动省妇女科的科长，后来他当选众议院议员，并在细川内阁中担任经济计划厅的官员。当时从劳动省、文部省（旧称）和总理府各调来通过日本国考综合岗位考试的女公务员，而厚生省没有女性公务员，于是调来了男公务员。就这样，从不同部门调来的6名女公务员和1名男公务员组建了妇女问题办公室。

“第 1 次国内行动计划”的制定由办公室主任和来自厚生省的男同事负责，而我负责撰写妇女白皮书。在这个过程中，我才真正地开始关注女性问题。

研究过相关材料后，我才猛然醒悟：之前在社会上受到的种种歧视，并不是因为自己不中用、缺少才干，也不是因为体力没有男性好，更不是因为不懂得为人处世的技巧。其实根本不是因为这些能力问题，而仅仅因为我是女性。不仅仅是我，全世界的女性都在为自己生为女性而痛苦。“女性必须全权担负起家务和育儿的责任，女性不能升职”的观念本身就是一种歧视。

我想明白了这一切，但社会现状不是说改变就能改变的。尽管如此，我还是在新设立的妇女问题办公室没有法律保护和权限的情况下，定下审议会中女性委员必须占10%的目标，并游说各个省厅，希望各部门招收女性。就在这既没有受法律保护的权利，也没有预算和正式员工的情形下，我还是得到了很多政府工作人员的理解和赞同。在这一过程中，我学会了如何尽我所能地去促成一些事情。

之后我担任妇女问题办公室主任时，也用同样的方法，成立了基于总理府设置法[①]的男女共同参与办公室。

40多年前，我就在书里写道，“生为女孩，值得庆幸”，

① 1949年在日本实施。总理府的宫内府成为总理府的附属机构宫内厅。

实际上这也是我对未来社会的一种美好憧憬。那时，不仅是我，就连我的女儿都被人们说成“生为女孩真可惜”“生为女孩真不值”。我希望这种社会现状能够得到改变，但在当时要实现这个目标难如登天，仅仅靠少数人的奔走根本无济于事。这样的社会结构是个人意识与社会体制融为一体后的产物，很难发生改变，但也不是完全没有可能去改变。

我始终认为，女性所受的歧视并非完全无法改变，只要女性有志向和能力，最后总能得偿所愿。诚然，理想与现实之间往往存在很大的差距。但只是一味地抱怨“女性受到了歧视、女性被家庭拖累、社会环境不友好、都是男性的错”，根本无济于事，也永远无法改变整个社会。我始终相信，精诚所至，金石为开。只要我们想要做出改变，很多事情都能办到。时至今日，我一直坚守着这种基本态度。而我的视角和女权主义者略有不同。女权主义者主要致力于揭露和批判社会对男性的各种优待，以及男性自身还未意识到这个问题的事实。她们只顾着批判，却始终没有拿出好的解决方案来。

我对女性所受歧视的态度与女权主义者略有不同，可能也是我身为政府公务人员的一种局限性。在此，我想稍微替自己辩护一下：在日本公务员的世界里，女性成员太少，人微言轻，批判男性的声音会很容易被压下去。而且我一直觉得，作为一名公务员，我自身的能力确实比不上很多优秀的男同事。另一方面，在公务员的世界里，大家不会把男尊女卑摆到明面上，同事之间相处的基本原则还是男女平等。这在当时的社会中已经算是非常友好的工作环境了。

不过，40年前发生的一件事其实已经预示着社会即将迎来变化。当时的民意调查问及“如果只要一个孩子，你想要男孩还是女孩”时，回答要女孩的受访者人数比以往有所增加。人们认为女孩小时候更好养，而且非常可爱；等男孩长大成人结婚后就会远离父母，但女孩即使结婚生子后也会和父母保持联系，而且父母年老后负责照顾的也大多是女孩。

在过去的时代里，整个日本社会普遍贫困，人们也没有社会保障。子女的经济能力决定了父母年老后的生活质量。那时能够赚到钱的儿子自然是父母的依靠。但从20世纪70年代后期开始，日本经济增长带动了社会保障制度的不断完善，越来越多的父母不必依靠子女也能养活自己。

随着工薪家庭的增多，人们逐渐改变了以往那种“儿子将来要继承家业，等自己年老后还要靠儿子赚钱来养活自己”的观念。随着时代的变迁，女儿越来越受人们的欢迎。我在其他著书中也曾写道：和平年代最适合女性发挥自己的才干。战争年代或社会动乱的年代，做出一番成就的往往是男性。到了和平年代，生男生女都好，再没有“押错宝”一说。理想终于变成了现实！

虽说职场歧视仍旧无处不在，但在学校和日常生活中，越来越多的女性能大胆地施展自己的才干。女性在家里受到父母的宠爱，在社会大舞台上则展现出前所未有的活力和风采，令很多男性都望尘莫及。特别是媒体（当时主要是电视台和杂志）将当时的时代称为“女性的时代”，还掀起了一股盛赞年轻女性风采的“女大学生热”，“女性歧视”这个词似乎已成为历史。但另一方面，在家庭和社会中仍然暗藏着很多让女性无所适从的因素。时至今日，这些问题改头换面，依旧困扰着女性群体。

家务、育儿和照顾老人到底是谁的责任

40年前，如何平衡育儿与事业，是当时女性面临的一大难题。很多女性在30岁左右都会把育儿放到首位，从而选择辞职。还有很多女性在25—30岁辞职，等到40岁左右再回归职场。但在第二次婴儿潮（1947—1949）之后，不婚或晚婚的女性数量增加，导致日本的出生率持续下降。我女儿这一代人，在泡沫经济崩溃的影响下，选择结婚的人逐渐减少，新生儿数量也随之减少。现如今，多数日本女性都选择不生孩子，或最多生一个。

在人口危机面前，日本政府采取了一系列措施。不断完善产假、育儿假制度，并增加托儿所的数量，整个社会对于育儿的支持力度在不断增强。这是有目共睹的。

当时，94%的女性正式员工都会申请育儿假。日本法律规定，育儿假的期限一般为2年，但教师和护士等职业可以延长至3年。而且，在孩子满6岁之前，她们还可以申请缩短工时。此外，经济方面的保障力度也在加大。女性正式员工还可以从劳动保险系统（非工作的企业）领取停工补助（大约相当于停工前工资的三分之二）。但是女性非正式员工却很难或者根本享受不到育儿假。虽说原则上规定父母双方都可以申请育儿假，但申请的一般都是女性，男性就算申请，也只是从以前的3天延长到了一周。

现在的问题是：社会的支持力度在不断加大，但在家庭中，丈夫和其他家庭成员只替女性分担了很小一部分的育儿责任。正如我前面提到的“丧偶式育儿”，已婚女性一人在育儿道路上孤军奋战的例子不胜枚举。

造成这一切的主要原因当然是社会、其丈夫和职场，但女性自身也不是完全没有问题。她们习惯于将育儿责任全部揽到自己身上，被这种无意识的偏见所束缚着。她们总觉得自己不养育好孩子，就是一个失职的母亲，而且这对孩子也不公平。她们认为女性（身为母亲）一边工作一边育儿，天经地义。

因此，对于已婚女性而言，我们要思考的是如何让丈夫分担育儿责任，如何利用各种社会资源，以及如何得到所在企业的支持。我们必须努力让整个社会都参与到育儿中来。

第一次世界妇女大会提出的“性别角色分工观念才是万恶之源”，让我得以重新认识女性问题。但时至今日，女性理应承担家务、育儿和照顾老人的责任的观念仍旧根深蒂固。特别是“必须尽职尽责地当好母亲的角色”这一观念带给职业女性巨大的压力，常会让她们充满罪恶感。

不过话又说回来，正如我在前文中提到的，在年轻一代的双职工家庭中，父亲到幼儿园接送孩子，已经不再是一件稀奇事。而且有不少男性开始给孩子换尿布、陪孩子玩耍。这也表明，在育儿、家务和照顾老人的性别角色分工中，男性终于开始主动参与了。

那么在日本，关于照顾老人的现状又是怎样的呢？如今日本老龄化发展态势迅猛，老年人的看护问题已经成为整个社会的一大难题。直到20世纪末，人们还普遍认为，老人应当由女性，尤其是儿媳来看护。因此，年迈的女性要照顾丈夫，年轻的女性要照顾公婆，男性作为丈夫或儿子却很少参与其中。

而现在越来越多的男性开始承担照顾老人的责任。不光是丈夫，儿子也开始参与其中。当然，超过半数的女性仍在承担照顾老人的责任，不过还是出现了很大的改变。

妻子（女儿）仍旧承担着照顾年老的丈夫（父亲）的责任，但作为儿子的配偶——儿媳照顾公婆的情况明显减少。这主要是因为每个家庭的孩子都很少，女儿结婚后，会选择优先照顾自己的父母，而不是公婆。如今，像从前那样和公婆同住在一个屋檐下的家庭占比已经锐减至14%。

而年迈的父母独自居住时，一方生病，另一方会承担起看护、照顾的责任。以前，很多时候都是妻子负责看护丈夫，但如今丈夫看护妻子的情况也有所增加。如果一方去世，只剩父亲或母亲时，女儿就会经常去娘家照顾老人，也有不少女儿干脆把老人接到自己家。有些职业女性会为了看护老人而选择在事业鼎盛期辞职，也有不少儿子会因照顾老人而辞职。以前，人们听到女性因需要照顾老人而辞职时，多半只会说："这是理所当然的！真是个好儿媳、好女儿！"但如今男性身为儿子因照顾老人而辞职的情况变得多起来，这引起了整个社会的关注。人们才开始认识到看护老人这一问题的严重性。

如何才能让男性和女性不必因看护父母而辞职，如何实现照顾老人和工作之间的平衡，已经成为现代社会的一大难题。照顾老人的问题和育儿问题一样，都需要整个社会的支持。比如，老年人加入保险后，在接受居家看护服务时，只需要支付总费用的一成（超过一定收入的需要支付两三成）。有些老年人会一直接受上门医疗和护理服务，直到最后独自一人在家中走向生命的终点。

因此，当父母需要接受看护时，子女会给父母加入保险，接受居家护理服务，然后自己只需要支付一小部分费用。父母的积蓄在这个时候就能派上大用场。但如果老年人的护理等级超过3级[①]，就需要入住护理机构。现在日本公立的“特别养护老人院”，只需支付少额费用，就能享受周到的护理。但申请入住的老年人太多，一般都需要等待很长时间。特别是今后大城市周边地区，需要接受护理的老年人会越来越多。因此，在大城市里居住的老人，入住民营的自费养老院才是更现实的选择。

但大部分情况下，年迈的父母自己根本无力应付这些情况。办理保险手续、寻找养老机构、办理入住手续等都需要由子女来完成。此外，虽说一部分企业的正式员工可以享受护理假，但问题在于无法预测父母需要子女护理多长时间。因此，不要在用完护理假后辞职，而应该将护理假当成一个缓冲期，身为子女可以在此期间帮父母寻找养老机构，并办理好手续。

但父母大多还存在固有思想，对入住养老机构比较抵触。很多父母非常依赖子女，或想和子女住在一起，而且往往更依赖女儿而非儿媳。子女精神上的支持当然必不可

① 日本护理等级共7级，严重程度逐级递增。3级被认定为“处于要失能状态”，需要全面介护。

少，但最重要的还是作为父母不应揪着子女不放，这样只会让彼此都筋疲力尽。

有些人工作干得不开心，会以照顾父母为由而辞职。但这样做实在是得不偿失。我希望大家能看清现实，与其辞职，还不如把自己赚的钱用在提高父母的护理水平上。毕竟一定的经济实力会带来更多的选择。

照顾老人的问题

照顾老人和育儿一样，如果单靠女性（妻子或女儿），她们肩上的负担未免太重。因此，男性作为丈夫或儿子也要承担起应尽的责任。与此同时，更为重要的是，老年人应当积极接受保险相关的居家护理服务和养老院等来自社会及专业护工的帮助。

现在越来越多的男性开始主动分担照顾老人的责任。这是近几年日本社会的一个重大变化，尤其是退休后照顾自己父母的男性人数有了大幅增加，而且负责看护年迈妻子的男性也在逐年增加。其中最受关注的是那些未婚或离婚后与父母住在一起的独身男性照顾父母的情况，他们中有些人根本不会做家务，或缺乏经验，又没有足够的心理准备。这样的男性自身也很迷茫和恐慌，有些还酿成了虐待老人的悲剧。

而另一方面，独身女性的人数虽然也在不断增加，但独身女性多有做家务或照顾父母的经验，因此上面提到的恶性事件很少会发生在她们身上。但尽到照顾父母的责任后，她们却不得不面对“女性的贫困”。

照顾老人与育儿最大的差异是育儿负担会随着孩子逐渐长大而减轻，等到孩子上小学后，就可以做下一步打算；但谁都无法预测需要看护老人多长时间，而且负担还会越来越重。由于谁都说不准父母何时需要子女的看护，因此，很多人都会忐忑不安，担心父母会突然病倒。

对女性而言，一般可以提前计划何时生育，以及在育儿上花费多长时间。这些人生大事都是可以预测和规划的。但她们却无法预测父母何时需要照顾，需要照顾多长时间。拿我自己举例，我算比较幸运了，我的母亲只住过3天院。但很多女性要面对的是3个月至数月不等，甚至是5年、10年。现实生活中最常见的情况是，老人3年间反复住院、出院，女儿负责看护，直到老人去世。

面对这些不稳定因素，很多女性的态度都很消极。她们认为等自己退休后马上就要面临照顾父母的问题，因此对退休后的生活，包括第二份职业并不抱希望。这样想的话未免有点可惜，而且在如今的百岁时代，这实在称不上是积极的人生态度。还有些人认为，不知父母何时就会病倒，自己退休后就不应该再接受需要承担重任的工作或者去享受生活。但被这些无法预测的事情捆住手脚，放弃自己退休后的人生规划，实在是令人惋惜。毕竟退休后的人生路还很漫长。

我有一位朋友，她在55岁时曾收到一份非常有吸引力的管理岗位的工作邀约。但她却断然拒绝了，理由是她不知道父母什么时候会病倒。后来她父母的生活自理能力一天天变差，但还是坚持独居，此后又过了20年，到90多岁时才离世。我常替她感到惋惜，如果她当时接受了那个来之不易的、非常有吸引力的工作岗位，再在这个岗位上拼搏10年，她的人生或许会变得更加精彩。但这终究是她自己的选择。

照顾老人和育儿一样，经济能力越强，负担就越轻。如果女儿有一份好工作，相应地就能获取更高的收入，也就能让父母入住服务水平更高的养老机构，或聘请护工帮忙。

有些人会觉得照顾父母不能假手于人，但这种观念和“育儿必须由母亲全权负责”的观念一样，会紧紧束缚住女性的人生。其实很多时候专业人士在育儿或看护老人方面，要比孩子的父母或老人的子女做得更好。但周围人会觉得育儿（看护）是母亲（女儿）必须承担的责任，这会给女性施加无形的压力。而女性自己或许也被“母亲必须担起育儿的责任”或“父母对我抱有极大的期待，作为女儿我必须负起责任”的执念束缚着，她们觉得自己别无选择，只能苦苦坚持。

很多时候周围人以为自己很理解女性，认为这样的选择是源于女性温柔、善良的特质。但其实这也是一种陈腐观念。正是这种观念的存在，才使得女性在经济和社会上处于弱势地位，而同时这种无意识的偏见才得以大行其道。

女性好不容易才在社会上立足，拥有了属于自己的收入和财产，不应再被这种物质贫乏年代的产物束手束脚。该给父母花钱的时候就花钱，这样才能创造出新的社会需求及新的商机。这样一来，还会产生更多护理老人方面的就业机会，整个社会才会变得更幸福。

比我早一个时代出生的女性，大部分只能做名下没有任何财产和收入的全职太太，或从事收入极不稳定的兼职工作。当时的女性不得不把自己的时间和精力放在照顾孩子和父母身上。但如今已是21世纪，社会在发展。我认为，职业女性一定要拥有良好的经济实力，多帮父母物色一些好的养老机构或服务，然后让父母入住相对优质的养老机构。父母的退休金不够支付时女儿拿出钱来，并时常去探望父母。这才是新时代下的孝顺。

由专业机构负责照顾父母，但子女并不是完全撒手不管，而是要在力所能及的范围内给予父母关爱。比如，坚持探望父母，与父母聊聊天，并定期向机构里的护工了解父母的近况。这才是真正意义上的尽孝道。

我的一位年轻朋友，她是独生女，也是在职场上非常能干的职业女性。她的母亲因脑梗病倒后，她把母亲安置在一个信得过的护理机构，每周看望母亲一次，每天早晚都会给母亲打电话。2年后她的母亲满怀谢意地离世了，彼此都没有留下什么遗憾。

不过，这也取决于父母自身的养老观念和护理需求。有些时候，当父母身体不灵便时，还是发自内心地希望由自己倾注了满腔爱意、一手带大的女儿来照顾和护理。虽然这对父母自身、对女儿而言，都会是沉重的负担，但女儿却无法辜负父母的期待。这种情况下，也只能由女性自己承担责任了。因此，在父母还未迈入老年前，女性应当提前和父母沟通、商量，给父母多看一些相关资料，以期改变父母的养老观念。此外，还可以给父母分享一些独居老人安享晚年的例子，争取慢慢地说服父母，让他们相信独居也能过得很好。如果父母比较开明，能够积极地规划自己的养老生活，并决定在将来自己离不开别人的护理时，就去专业机构养老，那当然再好不过了。

我之前也一直觉得，以前母亲帮我带孩子，劳心劳力，等她年迈时，一定要由我亲自护理她。我母亲一直都是全职太太，孩子便是她的全部。她坚信老年人和子女生活在一起，才会更幸福。因此，我一直和她住在一起。

在母亲过了85岁之后，我开始担心她什么时候会病倒。到时候，我肯定无法兼顾护理母亲和工作，那时恐怕就是我职业生涯终结的时候。我就如同抱着一颗定时炸弹，每日惴惴不安。当我准备要离开86岁的母亲去澳大利亚赴任总领事时，我曾非常担心，因此一直拿不定主意。我还曾想过要回绝这个千载难逢的工作机会。后来，我的母亲一直健康，直到我从总领事的职位上卸任，并于我回到日本4年后仅住了3天院就去世了。总领事的工作对我来说，是一次非常难得的人生经历。我时常反省，当年的自己还是太过肤浅，这么好的机会摆在面前，居然还想过拒绝。我不得不承认自己当时思虑不够周全，不应该以护理母亲为由，就想要拒绝这样的好机会。

总之，我们谁都无法预测父母何时需要我们照顾。事情还没发生之前就一直惴惴不安，无异于杞人忧天，不如事到临头，我们再尽心尽力地做自己能做的事情。在此之前，我们还是应当竭尽全力地不断提升自己的能力。而这种能力，不仅仅是经济实力，还包括说服父母的能力，以及物色优质养老护理机构和服务的综合能力。

鸡毛蒜皮的家务应当共同分担

像洗衣、做饭、打扫卫生、办理各种资料手续等琐碎的家务，与育儿和护理老人等造福人类社会的劳动不同，看似对整个社会的贡献不大，但又是不可或缺的。虽说现在很多家务都不需要自己亲自动手，可以通过利用智能家电、选择外出用餐、把衣服送去洗衣店等方式解决，但还是需要提前安排妥当。而这些“鸡毛蒜皮”的家务，却会让很多女性手忙脚乱。

早晨起床后，女性需要给孩子准备洗漱的相关用品、整理床铺、准备早饭并收拾餐桌，还需要检查孩子带去学校的物品是否齐备、送孩子上学、取快递、回家打扫卫生、做好垃圾分类……每天不得不做的琐事一件接着一件。

要是每个家庭成员都能处理好自己的事情，那女性的负担还能轻一些。但很多时候照顾家庭的责任全都落在了全职太太的肩上。把脱下来的衣服放到洗衣机里、吃过饭后把自己的盘碗放入洗碗机、自己的东西自己收拾整理，这些本就是成年人必须具备的生活能力。因此，全职太太要想减轻自己的家务负担，首先应当培养孩子和丈夫做家务的好习惯。

我18岁就离开父母，独自一人生活，跌跌撞撞着学会了独立生活。而很多男性在结婚前一直和父母住在一起，这些杂事都由父母包办，结婚后则由妻子负责。他们想当然地认为，自己只需要好好工作，这些杂事总会有人做。

我其实并不擅长也不喜欢做家务，有时还会羡慕一下男性："我要是也有个'妻子'就好了！"但无论是对男性还是女性来说，这些都是生而为人应当具备的能力。"女性必须具备做这些杂事的能力"，是错误的性别角色分工观念导致的。但另一方面，这些能力又是女性的一种优势，应当把这种优势充分利用起来。

很多中年女性堪称家务方面的专家。她们二三十岁时，孩子尚小，家务负担比较重。等到年过四十，家务负担轻松不少，就能轻松应对这些鸡毛蒜皮的家务。但问题在于，如果能干的母亲总是包办孩子该做的一切事情，那孩子永远都无法独立。因此，即便母亲觉得自己动手做会更快、更好，也要让孩子分担这些琐碎的家务，培养孩子独立处理这些事情的能力。不光是女孩，也要培养男孩这种能力。

很多孩子在小学低年级时一直积极地帮助母亲做家务，但升到小学高年级、初中、高中后，就不太愿意做家务了。在这方面，母亲一定要好好引导孩子。我在美国留学期间，有一位朋友曾对我说："日本的母亲就像用人一样给孩子提供服务，但美国的母亲会让孩子像用人一样干活。"对于这一点，我深表震惊和佩服。可能正因为如此，美国的男性也会参与到家务中来。因此，我认为日本的母亲也应当不断培养孩子处理杂事的能力。对于男孩而言，如果从小不做家务，只知道考试学习，就会成为一个只会回答给出的问题，不会自主思考、对社会贡献不大的人。而且，他将来很难找到一个愿意像他母亲一样照顾自己的妻子，继而很容易导致一生不婚，或者结婚后也容易离婚。这恐怕会进一步加剧人类社会的少子化趋势。

第2章

写给青春期到青年期的女性

对不幸福的婚姻说“不”

对于如今的女性而言，结婚的目的和重要性与40年前截然不同。

虽说无论哪个时代，十几二十岁的女性，人生才刚拉开帷幕，都会憧憬着将来能遇到一个优秀的人，一起组建家庭，生几个可爱的孩子。但随着年龄的增长，女孩们开始明白异性间的吸引力是相互的，她们也会明白优秀的人可遇而不可求，能否遇到这样一个人，并与之交往、走入婚姻的殿堂，很多时候都要看运气。

在相亲结婚非常普遍的时代，大都由知晓女方家世、财产、家庭状况、本人品行的熟人来给女性介绍“般配”

的对象。

现在的女性需要自己寻找对象，需要双方对彼此都满意。还有些人选择在网络上寻找结婚对象。经过一番明察暗访和实际交往，有些女性确实能喜结良缘，可也有很多女性所托非人，婚后悔恨不已。而在现实生活中，和某个人相识后，由于“蜜月期”的收敛和伪装，且爱得盲目，往往很难看清一个人。结婚对象到底是一个什么样的人，或者会变成什么样的人，女性都无从知晓。可以说，结婚就是人生中最大的一场赌博。获得意料之外的大奖，还是全盘落空，全靠运气。童话故事里性格温婉的美丽女子总是能和风度翩翩的王子结婚，但现实生活并非如此。优秀的男性不一定能找到优秀的女性结婚，优秀的女性被“渣男”蒙骗的例子也屡见不鲜。

恋爱和婚姻，原本就是人生中最耐人寻味的课题。本书不就此展开阐述。但无论到了哪个时代，女性都应当坚持做自己该做的和当下力所能及的事情。在人生漫长的旅途中，如果得遇良缘，实属幸运；如果难遇良缘，也要坦然处之，做好孑然一身的准备，但这并非是自己的失败或不幸。

而一生稳定的经济来源却是不可或缺的。千万不要把人生的主动权交由他人，觉得自己只要能遇到良人，得到一张“长期饭票”就可以安枕无忧，于是随便找一份工作了事。

这个世界上，大多数男性和大多数女性一样，都是不具备特殊才干和卓越人格的普通人，他们身上优缺点并存。没有十全十美的男性，女性自己也并不完美。只有当双方都觉得“这个人不错”时，才会走入婚姻的殿堂。婚姻，其实是基于双方的“共识”。

不知大家是否在小说或电视剧里看到过这样老掉牙的故事：20年后偶遇高中时代的同学，得知当年班上学习成绩很差的女生如今已是某公司的总经理夫人，而学习成绩最好、最努力的女生却嫁给了那家公司里一名普普通通的小职员。然而在现实生活中，很多调查显示“门当户对”的婚姻要占很大比例。夫妻双方的学历和家境等情况大致相同，普通人迎娶“白富美”，或“灰姑娘”嫁入豪门的例子少之又少。近几年的一份调查显示：女性受访者中，

“上过大学的女性”这一组的一生收入总额要更高。究其原因，是越来越多的受过高等教育的女性都会选择与自己实力相当的高学历男性结婚。总之，虽然“门不当户不对”的婚姻更受关注，并容易成为人们津津乐道的话题，但毕竟还是少数。

我在东京大学读书那会儿，临近毕业时为找工作东奔西走。当时有一位年长的老教授一本正经地对我说：“对于你们女学生而言，找工作真的有那么重要吗？反正你们干不了两三年就会辞职，还不如赶快找一份终身职业（结婚）呢！”

当时，持这种观念的人不在少数。但随着时代的变迁，人们的婚姻观也在不断发生变化。不过时代在变，有一点却永恒不变——不论男女，对于他们来说，彼此珍视、相互扶持的美好婚姻是幸福的基石。当然，这一切光靠彼此相识时的“外在条件”是远远不够的，还要靠婚后两个人的共同经营。

与此同时，在这40年间，人们对“不幸福的婚姻”的态度也发生了很大的转变。

丈夫对妻子暴力（包括精神暴力）相向、出轨、轻视妻子的工作和能力，或是把育儿和照顾老人的责任都推给妻子，就是所谓的“不幸福的婚姻”。但40年前人们普遍认为，只要丈夫能够尽到养家的职责，那妻子就应当容忍丈夫的这些“作为”，将婚姻维持下去。有些女性因为丈夫不理解、不体谅自己而选择离婚时，人们多半会说这些女性太过冲动。在那个年代，丈夫把家务和育儿的责任都推给妻子，自己做甩手掌柜，这些都是理所当然的。在人们眼中，哪怕守着一份“不幸福的婚姻”，也比一生不婚或离婚好。

女性的家人和周围的人都会觉得，女人要是离了婚就没法生存下去，也养不起孩子。因此，无论丈夫做出多么出格的事情，妻子都要一忍再忍。只有当丈夫犯了罪或债台高筑等过分离谱的事情发生时，妻子才会提出离婚。丈夫和其他女人搞暧昧，妻子也要毫无怨言，一直等到丈夫浪子回头的那一天。人们认为这样的女性才是“好妻子”。

而现在，离婚率居高不下。据说，日本三分之一的家庭最后都以离婚收场，离婚早已不是什么稀奇事。主要原因在于妻子一方不再死守这份“不幸福的婚姻”，选择不再忍气吞声。而很多男性仍旧停留在“丈夫只需要负责养家，其他可以一概不管”的旧式婚姻观里，夫妻双方观念分歧过大，便会导致离婚。对于这一现象，有些人批评女性越来越不懂得隐忍，未免太过矫情。但我认为，主要原因还是男性跟不上这个时代的变化，跟不上女性的成长与蜕变。因此，男性必须要正视这种变化，并改变自己的婚姻观。很多男性在婚前或婚后未生孩子前，还会理解并支持女性的工作，一旦女性生了孩子，他们马上又退回到了旧式的婚姻模式中。

离婚后孩子的抚养权一般归母亲（妻子）。但很多女性没有一份正式且稳定的工作，靠兼职或打零工谋生，收入很低。这样的单亲家庭会面临很多问题。比如，单亲家庭中母亲的平均年收入为220万日元[①]，仅仅是一般家庭的三分之一；丈夫支付的抚养费很少或拒绝支付，公寓等房产也都在丈夫名下。现在儿童贫困已经成为一大社会问题，其中一半以上是由

① 约合人民币11.5万元。

单亲家庭中母亲的贫困导致的。因此，女性在制定自己的人生规划时，一定要保证自己将来即便离婚，也有足够的收入保障自己和孩子的生活，生孩子后也要保住自己正式员工的工作。

我时常会想，我们能改变的只有自己和未来，却永远无法改变他人和过去。虽说改变自己和未来并非易事，但也并非绝无可能。可是，想要改变自己的配偶，却如同痴人说梦般难。

诚实、勤奋、刻苦、忍耐力强等个人品质大都是与生俱来的。女性婚后的一腔爱意无法让一个不具备这些品质的男人幡然醒悟。因此，女性在结婚前一定要擦亮眼睛。谁都想拥有一份美满的婚姻，但现实往往并非如此。年轻时，女性总是幻想着自己的爱能够改变对方。当梦碎时，女性一定要拥有独自好好活下去的底气！

未婚、不婚和离婚的“独行者们”

与40年前相比，现在未婚或不婚的单身人数急剧上升，离婚后保持单身的人数也有所增加。2020年，日本人口调查显示：单身人口已占总人口的38%。

我在序章中曾提到，20世纪70年代时，“结婚适龄期”这一观念对女性的人生规划产生了很大的影响。那时的人们普遍认为，22—24岁是女性最适合结婚的年龄，过了这个年龄结婚就会越来越难。当时有句话这样形容结婚晚的女性：圣诞蛋糕和女性一样，一过25（25岁）就成了打折货。如果女性一直保持单身，和父母住在一起，就会被人们贴上“剩女”“老姑娘”等标签，在别人面前抬不起头来。

因此，女性必须找到一个愿意代替父母养活自己的丈夫。而女性结婚后的主要任务则是生育和育儿；如果婆家经营着小生意，女性婚后还要接手家里的活计，努力干活。而人们认为，越是年轻的女性越是顺从，并能很快融入婆家的生活。

1975年，日本女性和男性的初婚平均年龄分别为24.7岁和27.0岁，但男性的初婚年龄分布在20多岁到40岁，年龄跨度很大。而且当时98%的男性会在50岁前结婚，可以说那时的日本是一个“全民皆婚”的社会。此外，正如我在前文里提到的，过去的日本家庭离婚很少见，日本人绝对称得上是一个“极度向往婚姻”的民族。

但现在日本女性普遍晚婚，而男性未婚和不婚的比例也在上升。2020年，日本人口调查显示：日本男性的一生未婚率①为25.7%。再加上离婚或妻子离世后未再婚的男性，单身男性占到男性总数的三分之一左右。此外，未婚、不婚，以及离婚的女性人数也在增多。

以前，女性在婚前住在父母家，婚后和丈夫、孩子

① 指45—55岁男性的平均未婚率。

住在一起，丈夫去世后又住到子女家。因为女性没有经济来源，所以人生的每一个阶段都不得不和家人住在一起，靠家人供养。人们之所以普遍认为独居女性容易受骗或成为犯罪行为的受害人，处境艰难，也是因为女性没有独立的能力。而现在，很少有女性会一辈子一直和家人住在一起。特别是在大城市里，很多年轻的未婚女性、离异的中年女性及丈夫去世后的老年女性，都会选择独居。一辈子有一半以上的时间都独居的女性和男性并不少见。正如上野千鹤子在《一个人的老后》中描写的一样，如今独居女性随处可见。独居生活已成为当代女性人生的必经阶段。

面对社会环境的巨大变化，有些女性难免会手足无措。比如，A女士认为，结婚并构筑一个幸福的家庭，要比追求事业成功并为之奋斗更重要。于是，她在毕业时选择了时间比较自由的派遣工作。与正式员工相比，这样的工作工资低、工作条件也差，但A女士觉得反正自己也干不长，也就不以为意。这样的工作加班少，在每次合同期满时她还可以到处旅游，过得很是悠哉。但谁承想，时光荏苒，她却还未找到“心中的那个他”，一转眼自己已年近40岁了。生活中这样的例子比比皆是。

我一直反复跟年轻女性强调：女性一定要看清现实，即使结了婚，也有可能和丈夫生离死别，更有可能会离婚；就算因为育儿不得不暂时离开工作岗位，但决不能彻底放弃工作。一定要保证自己有一定的经济实力可以养活自己。这是女性人生规划里必不可少的一部分。

女性一定要跟得上社会和时代的变化，全力以赴，做自己人生的主人！

关于养育孩子

与40年前相比，如今日本女性一生所生孩子的数量出现大幅下滑。自20世纪70年代前期出现第二次婴儿潮之后，日本的出生率逐年下降。第二次婴儿潮时出生的人走上社会之时，正值日本泡沫经济崩溃后的就业冰河期。很多人找不到一份安稳的工作，结婚推迟，或不生孩子，第三次婴儿潮由此成为泡影。现在，很多50岁左右的女性所在的家庭中，要么没有孩子，要么只有1个孩子，最多2个孩子。2020年，日本新生人口数量为872 683人，人口出生率大约为7‰，创历史新低。

而在养育孩子，尤其是养育女孩方面，也发生了很大的变化。身为母亲，女性一定要改变养育女儿的方式。切勿把健康、快乐作为养育女孩的首要目标，关键要培养女孩过好一生的能力。以前，人们普遍认为，女孩学习好不好是次要的，首先要教会女孩知礼数、温柔稳重，还要擅长做家务，有一项文艺方面的特长。如今时代变了，身为母亲，要让女儿明白经济独立的重要性。而且，孩子从小学习的音乐、绘画等兴趣爱好，主要是为了丰富孩子的精神世界，要达到可以自食其力的专业水平绝非易事。

当母亲让女儿明白了经济独立的重要性后，接下来就要考虑女儿将来要从事什么职业。注重传统技能的学习，让孩子拥有“一技之长”，不失为一个好选择。同时，未来社会急需大量接受过“STEM”[①]教育的理工类和信息类人才。因此，应当尽量引导孩子选择这些人才稀缺抢手的专业。此外，随着整个社会老龄化趋势的加快，将来医生、护士和护工等职业的需求量也会增大。

接着，就是要选择一份能干得长久的职业。毕竟就算

---

① 科学（Science）、技术（Technology）、工程（Engineering）、数学（Mathematics）四门学科的英文首字母缩写。

工作环境再友好，收入再高，如果没有可持续性的发展，人生之路就很难走远、走踏实。此外，女儿生孩子后，母亲要做女儿的坚强后盾，在力所能及的范围内施以援手，这样母亲自己的晚年生活也会过得更充实。经营企业或个体经营的父母，与其让儿子或女婿继承家业，不如将女儿培养成自己的接班人。

另一方面，女性也要改变养育儿子的方式。过去那种只会埋头学习，努力考入好学校，然后在大企业工作的方式如今已经行不通了。经济独立当然是必须的，还要注重培养儿子的沟通能力、独立生活的能力和适应环境的能力。如果不具备这些能力，工作和恋爱（婚姻）都很难顺利。此外，儿子结婚后不但要主动与他的妻子分担家务和育儿，还要干得得心应手，为妻子、为家庭贡献除了经济以外的一份力。

如今，已经很少有人能在一家公司从毕业入职一直干到退休，跳槽、再就业也已经成为一种常态。想让儿子将来在这样的环境中活得从容不迫，当妈妈的一定不能从小惯着儿子，让他只会埋头读书。所谓的“妈宝男”都是妈妈一手“培养”出来的。

虽说子女的职业规划是他们自己的事情，但父母毕竟是过来人，应当向子女多提出一些建设性意见。在后文中，我也提到了父母与子女的相处之道，以供读者朋友们参考。

鼓励女孩选择理科专业

过去40年间，日本社会在教育方面发生了哪些变化呢？20世纪70年代后期，日本女性的大学升学率仅为10%，而2020年已经超过50%。而短期大学的升学率有了大幅下降。过去，不少父母觉得，男孩应当读到大学本科或研究生，这样更有利于今后的职业选择。但他们却认为，女孩迟早要结婚并回归家庭，读个短期大学就足够了。因此，当时的社会非常重视对女孩进行有利于组建幸福家庭的、内容宽泛的个人修养方面的教育，要求女孩学习礼仪礼法和各种规矩，并大力提倡茶道和花道等日本传统文化的学习。女性的热门职业则是教员、幼儿园老师和营养师等。

在20世纪90年代中期之前，女性两年制短期大学的升学率要比四年制大学的升学率高。可在此之后，升入短期大学的女学生数量骤减，而升入四年制大学的女性数量逐渐增多。在巨大的社会变迁中，昭和女子大学也关闭了短期大学。

但女性升入四年制大学后，所学专业也和男性天差地别。时至今日也是如此，很多女大学生所学的专业都是文化、历史等与个人修养相关的人文类或教育类专业，经济学、法学等学科都是男性占大多数，选择理工科专业的女大学生更是凤毛麟角。学理工科专业的学生，即使将来想进企业，也大多会读到硕士；而学人文类或社科类的学生，只有志在搞研究的学生才会去读研究生，因此，文科类的研究生升学率普遍偏低。

从2010年左右开始，世界各国的教育界都在鼓励女性选择“STEM”学科。如今，以信息技术为首的科学技术极大地改变了整个世界的社会、经济格局。每个人都必须具备这方面的知识和技能。而我洞察先机，在40年前就已经开始呼吁更多的女性选择理科。但我现在思考的问题是，为什么日本在过去40年间止步不前呢。

日本从初中开始就会将女生分到文科，将男生分到理科。这并不是因为女生没有学习理科的能力，而是因为不管女生自己还是周围的人，都有一种无意识的偏见，他们认为“女性并不适合学理科或工科”。因此，我认为，初中和高中的数学老师应当给予女生更多的帮助。此外，学校要营造一种让女生对数学和理科感兴趣的环境，并引导她们把在理科或工科方面做出成就的女性前辈当成自己的榜样。在家庭教育中，父母要鼓励女儿选择理科，比如我的两个女儿分别就读药学和医学专业。很多人认为，女孩能学好生物和化学，但数学和物理会相对比较头疼。现在想想，如果我的两个女儿就读物理或信息技术应该也是不错的选择，但有些事情根本无法预料，也无法回头。总之，学习理科的女生毕业求职时绝对会是“香饽饽”。

日本现在面临的另一个大问题是，进入东京大学这种顶级学府求学的女性太少。我在东京大学读书时，女生只占全部学生的3%。现在这一比例有所上升，但也只是在20%左右徘徊。其他很多世界一流名校中女生能占到半数，这与东京大学形成了鲜明对比。

我们那个时代，人们都说能进东京大学的女性很难结婚。好在现在这种偏见已经不复存在。尽管如此，在如今教育内卷的时代，很多男孩从小就被父母逼着用功读书，参加各种理科竞赛，但对女孩似乎就没有如此高的要求。在日本，很多男孩哪怕是复读也要升入更好的学府，但很少有女孩愿意为了考入东京大学而复读。造成这种现状的一个主要原因是，选择理科专业的女生太少了。东京大学的新生中，工学、药学、理学和医学四个理科专业的人数要占到学生总数的三分之二。因此，愿意参加考试并顺利就读东京大学的女生少之又少。

当然，我并不是说考入东京大学等名校就是最佳且唯一的选择。在升学方面，比起一门心思地想要考入名校，女孩更应该选择那些能够为自己提供更优质的教育、注重个性发展、能够给予女孩更多挑战的机会，或是激励女孩树立更高人生目标、并不断提升自身能力的大学。若是抱着和朋友一起享受大学生活、学习可有可无的心态，升入那些不重视学习和能力提升的高校，纯粹是浪费时间，白花学费。女孩一定要痛下决心，比男孩更加努力，不断提升自己的专业水平。有些父母会觉得，女孩可以选择音乐或表演等专业，做自己喜欢的事情就好。但这样的女性将来很难自立，不是靠父母供养，就得靠丈夫生活。放在以前，这种生活方式或许还行得通，但如今的父母很难供养一个以兴趣爱好为生的女儿。

文学和历史研究等个人修养方面的专业也是如此。虽说个人修养是每个人都必须要学习的，大学和高中也会聘用一些相关专业的教师。但毕竟需求人数有限，竞争会相当激烈。目前，很多获得博士学位的人都只能以非正式讲师的身份从事高校的教育事业。只有具备特殊才能或天赋的人，才能把运动、艺术或文学当成谋生的职业。

经常有人问我，开设女子大学的意义究竟何在。的确，如今很多女生都可以进入男女混校的大学求学。但我始终认为，在如今的日本社会里，女性要想活出自己的精彩，一定要比男性具备更强的能力。只有这样，她们才能克服重重困难，打破无意识偏见和陈旧观念对自身的束缚。而女子大学在这方面发挥着极其重要的作用。女子大学旨在将女性从陈旧观念中解放出来，并让女性下定决心学会重视自己。

对于年轻女性而言，除了掌握专业技能外，一定要时时刻刻提醒自己，学会重视自己！

这40年间，可谓风云巨变。但让人百思不得其解的是，很多青春期、青年期女性的自我认知居然还停留在40年前。自己贫困不堪，却幻想着能和一位“英俊的王子”走入婚姻的殿堂，从此过上衣食无忧的生活；自己不聪明、不求上进，却还幻想着“白马王子”来拯救自己。整天做着当灰姑娘或白雪公主等美梦的女性大有人在。究其原因，女性自身缺乏自信、自我认同感低是一方面，另一方面则是女性很少有在社会上出人头地的机会。

有为数众多的女性仍在自暴自弃，觉得自己缺少才干，未来发展空间很有限，或是觉得反正不管女性怎么努力，也没法做出什么大成就。还有些女性认为，就算自己缺少才干，就算自己不努力，只要能和优秀的男性结婚，一切就都不是问题。因此，她们会愚蠢地认为，在有优秀男性的场合，决不能说出自己的真实想法，决不能展露自己的才干，决不能让对方觉得自己自以为是；不够聪明却可爱的女性才值得男性去爱，根本没必要逼着自己去学那些枯燥乏味的知识。

此外，错误的婚恋观也会让女性走上“歧途”。“只要找到靠谱的男人嫁了，人生从此就会幸福美满”“男人的爱对女人来说才是人生的资本”——这些陈旧的观念还是早点抛弃为好。当然，如今也会有一些思想保守的男性喜欢比自己条件差、比自己能力弱的女性。但年轻男性大多从小学起就在男女混校的环境中成长，越来越多的男性开始欣赏那些干练且有才华的女性。事实上，几乎所有的男性都心知肚明：如今日本经济止步不前，光靠自己的收入很难养家糊口。因此，那些表面上说“乖乖听我话”的男性绝对不值得依靠，他们都是陷于自我陶醉而无法自拔的自私鬼。但就是这样虚情假意的男性很容易吸引那些缺乏自信的女性。因此，年轻女性不仅要有一双识人的慧眼，同时还要学会肯定自己。

更有甚者，还有很多为了满足自己的欲望，在社交网站上引诱年轻女性的男性。网络信息繁杂，女性一定要善于去伪存真，保护好自己。总是否定自己的价值，渴望被爱的少女们最容易成为坏男人的猎物。因此，最重要的莫过于对自己充满自信，相信自己有着无可替代的价值。

有些年轻女性未经世事，天真地以为就算自己没有才干，只要打扮得时尚漂亮，也是一种资本，与其逼自己学习，还不如在化妆上多下功夫，利用美貌获得有权有势的成功男性的垂爱。这样的女性一定要擦亮眼睛，看清现实：时尚漂亮固然重要，但同时也需要不断提升修养，增长才干。如果自己没有能力，又怎么能干好工作，为社会贡献一份力量，获得他人和社会的尊重呢？

那么，年轻女性如何才能学会肯定自己、重视自己呢？重视自己，不是说随心所欲，做事只凭个人好恶，只追求利益最大化；当然也不能一味忍耐，不敢畅所欲言。重视自己，是指朝着自己设定的目标全力以赴，就算失败也不半途而废；决不自轻自贱，努力挖掘自己的长处，弥补自己的不足。在取得一个个小成就时，鼓励自己：你真的做到了！你的努力没有白费！从而让自己变得越来越有自信。

昭和女子大学会给学生们提供参与各种项目的机会，以期让她们在不断尝试的过程中体会这种成功的喜悦。我相信，在大学等高校的不懈努力下，每一位女性定会充满自信，学会重视自己。

真正优秀的女性，应当既具备温柔、亲切、善解人意等女性常见的特质，同时还具备有责任感、果敢和积极向上的优良品质。如今，整个社会对于女性的歧视仍在看不见的角落里影响着人们的思维方式。因此，女性一定要比男性拥有更多向更高目标发起挑战的勇气、面对失败屹立不倒的坚强意志和前路渺茫但仍坚守己心的毅力。

困于情，乱于心，纠缠过往，是人性中难以摆脱的弱点，但仍要拼尽全力不被其左右。鼠目寸光、怯懦、容易放弃等消极特质，都是我们生而为人必须摆脱的缺点。不能因为自己是女性，就对自己太过宽容，而要努力克服自己身上的缺点。我希望年轻女性在大学里一定要学会这些。

但令人痛惜的是，当下仍有很多女性为了一个不懂得尊重自己、爱惜自己的男人低声下气，或是和看轻女性的男人在一起，不懂得自重自爱。毕竟头脑聪明、事业有成的男性中也有人会看不起女性。因此，女性一定要擦亮自己的眼睛。

呼吁和劝导自己的女儿及周围的年轻女性不再轻贱自己，慢慢成长为懂得重视自己的成熟女性，并成为她们最坚实的依靠，是我们这些40年前也曾经历过艰难岁月的“资深”职业女性的一份责任。

对于女性而言，一份工作好不好，并不在于是否在大企业或知名企业任职，也不在于初始工资高不高，更不在于办公室漂不漂亮，而在于所在企业是否重视对女员工的培养，女员工将来能否被委以重任，以及能否为社会创造价值。女性在就业时，千万不能抱着“反正也就干两三年”的心态，随便找一份对自己太过宽容的工作。

如今的社会，愿意认真培养女性的企业和学校少之又少。那么，女性要如何才能摆脱“女人根本不需要努力”“我肯定没戏”“反正我的能力也一般”之类咒语般的束缚呢？昭和女子大学会为女生提供相关的教育和帮助，以期让她们从这些咒语中解放出来。

其实，这番话我不仅想对年轻女性说，更想说给那些即将踏上人生新舞台的中年女性朋友听。因为中年女性才更容易被“现在努力已经太迟了”“事到如今就算再努力也无力改变自己和他人”“我自己本身也没什么能力”之类的魔咒困住。

现在，我想将40年前讲给年轻女性的话，再讲给人生过半的中年女性朋友们听：女性要有野心，任何年龄，我们都能活出自己的精彩！

第3章

人到中年，无形资产才是女性最大的资本

不耽于安乐，靠自己过好后半生

现在的女性面临着一个新的挑战。

40年前，我呼吁即将踏上人生征程的年轻女性要拥有自己的事业，要拥有靠自己就能过好这一生的欲望和能力。我还特别强调了女性一定要改变自己的婚姻观、家庭观和教育观，这样才能具备在社会上立足的能力。虽说现在的社会环境与40年前已经截然不同，但我的想法依旧没变。40年前的日本经济，经历了迅猛发展后随着泡沫经济的崩溃而开始走下坡路。当时，很多男性不再轻而易举就能找到一份稳定的工作，也很难靠自己一个人的收入养活全家。很多女性开始选择晚婚或不婚，选择不生孩子或只生1个、最多2个，日本社会的少子化趋势加快。与此同时，女性的后半生也变得远比她们想象的更漫长。

因此，女性要有新的人生规划，不仅要过好前半生，还得为这漫长的后半生提前做好打算。以前的人们习惯早早退休，发掘一些兴趣爱好，做自己喜欢的事情，悠闲地度过自己的后半生。但到了当今这个时代，这种人生规划似乎已经不太行得通。余生漫长，家庭关系及就业环境悄然改变，货币不断贬值，而且我们不得不正视日本国力衰退的残酷现实，单靠国家和企业，可能无法过好漫长的后半生。

2020年，有关研究显示：日本女性的平均寿命为87.71岁[①]，50岁左右的中年女性大约还有将近40年的寿命。人生最后10年确实应该活得悠然自得，但如果余生40年都活成这样，恐怕会变成一种“虚度”。因此，中年女性一定要树立新的人生观、家庭观和事业观，让自己的后半生过得更幸福、更充实。

当下人生过半的中年女性们，经历过物质匮乏的年

① 2020年，中国女性的平均寿命为80.88岁。

代，也走过了新时代，勤劳、隐忍的她们大多抱着一种“总能渡过难关、总会有人为我们遮风挡雨”的心态。但社会日新月异，全球环境变幻莫测，只有做好一切准备，才能让自己在这个瞬息万变的社会中生存下去。

拿家庭关系举个例子，现在老年人中独居或夫妇二人居住的家庭越来越多。其中，女性的平均寿命要比男性长7年左右，而很多家庭中丈夫的年纪本身就比妻子大。这就意味着，女性将来会有很长一段时间需要适应年老后的独居生活。此外，现在和单身子女住在一起的高龄女性有所增加，但这又容易导致“啃老”和“被啃”的社会问题。如何让子女和高龄女性都能独立起来，是社会的一大难题。

另一方面，如今女性特别是老年女性的工作机会明显增多。职业女性退休后继续在原单位留用，或者实现再就业，已经成为社会常态，甚至还有些女性一直坚持工作到70多岁。由于劳动人口不断减少，30—50岁的女性就业率非常高，而60—80岁的老年人也不断加入劳动力大军中。

现在日本经济实力不断衰退，子女这一代人，很少有人能找到一份可以从毕业一直干到退休的工作。越来越多的人只能选择非正式工，而非正式工的收入极不稳定。因此，老年女性很难指望子女给自己养老。

虽说现在老年女性就业率没有老年男性就业率高，但将来，50多岁的中年女性在70岁之前坚持做有薪工作，等到70多岁时也要尽量保持工作状态的现象，一定会成为社会新常态。须知在漫长的余生里，悠然自得地只做自己喜欢的事情，早已成为一种奢望。

那么，女性应该如何度过人生下半场？又该如何规划自己的职业生涯？这已经成为当代女性要面临的一个重要的人生课题。今后是继续坚持年轻时的工作方式，还是选择新的工作方式？如何才能掌握、更新必需的知识和技能？理想收入是多少？如何才能不和社会脱节？所有这些问题都需要女性认真地去思考，并提前做好规划。

总之，少子化、老龄化问题绝对不是“事不关己”的他人问题，而是关乎每一个人的社会问题，尤其关乎女性自身。

中年女性的无形资产

鼓励完年轻女性，我还想给即将迈入40岁，又将踏上人生新征程的中年女性朋友们，就以下 3 个方面提些我的建议：①中年女性应做好哪些心理变化上的准备；②关于子女和家庭的一点建议；③后半生的工作方式。

改变，既是挑战也是机遇。人生过半的女性朋友们，一定要勇敢地向着人生新旅程迈进！不抱不切实际的幻想，自强独立，努力开创人生的新篇章！

伦敦商学院的副教授琳达·格拉顿曾在著作《百岁人生：长寿时代的生活和工作》（*The 100-Year*

Life:Living and Working in an Age of Longevity）中提到：随着人类寿命的不断延长，今后我们的人生不再是“受教育—工作—退休”的单行线模式，每个人都将拥有多种多样的职业体验。

今后的时代，每个人不再是同一年纪一同上小学、初中、高中、大学，然后一同工作并最终迎来退休。每个人都会在不同的时期学习，并经历数个职业生涯阶段。在人的整个职业生涯中，需要做到工作、思考和学习齐头并进，还会经历数次职场变动。以前很多人可以在一家公司从毕业一直干到退休，而今后每个人在做人生规划时，可以自主选择每一段职业生涯的时间节点。

虽说年轻一代中越来越多的女性选择一直坚持工作，但不少女性依旧会围绕着结婚、生子、孩子的教育、丈夫的职业发展而规划自己的职业生涯。因为生育、孩子的教育而辞掉工作的女性自不必多说，哪怕是一直坚持工作的职业女性，也需要在育儿和孩子的教育上花费比男性更多的时间和精力，工作和收入退居次要地位，升职更是不敢考虑。在职场上，能升到管理层，甚至进董事会的女性少之又少。

今后，女性后半生的选择会越来越多元化，而“资产”的多寡在很大程度上关系到女性后半生生活质量的好坏。在日本，人们普遍认为，退休后至少要有2000万日元①的积蓄才够养老。不过我认为，比起金融资产和房地产等看得见的有形资产，活力资产、可转化资产和生产性资产这三种没有实物形态的无形资产更为重要。格拉顿教授也曾说过：一个人拥有多少无形资产，会直接决定他（她）的人生是否富足。对于这一观点，我深表赞同。

那么，什么是活力资产呢？它主要是指一个人身心健康，充满活力。确实，身体健康是一切的基础。很多女性在一二十岁时会觉得美丽最重要，从三四十岁开始才会明白身体健康的重要性，于是开始注重运动和营养摄入。而女性进入更年期后，体内激素（雌激素和孕激素）会发生巨大变化。这时有些女性会感觉身体不适，不过这些症状因人而异，并且只是暂时性的。经妇科医生诊治后，症状

① 约合人民币100万元。

就会缓解不少，但自我调理也很重要。

近几年新冠病毒不断蔓延，很多人深刻地认识到预防生活习惯病等基础疾病的重要性，以及增强免疫力才能从根本上保证身体健康。很多女性为了保证家人的身体健康，在做饭上下大功夫，并且非常注重营养的均衡摄入。我们可以尽可能地亲手制作一些以蔬菜为主的菜肴，偶尔也可以购买一些冷冻或预制食品、点外卖或到外面的餐馆用餐，以此来减轻自己的心理负担。我就在努力多食用一些纳豆、味噌汤和酸奶等发酵食品。在欧美一些国家，不少人为了保护地球环境，流行吃素食。但对于普通人来说，并不需要完全对含动物性蛋白的食品敬而远之，而是要在能够接受的范围内尽量增加蔬菜的摄入，同时减少肉类的摄入。此外，尽可能地享用多种食材才是上上之选。当然，我们一定要坚决远离香烟，还要做到少喝酒，多运动。

除了平衡好饮食、运动和休息，保持身体健康外，我们还要重视心理健康。心理健康了，才有助于拥有一个健康的身体，反之亦然。身体和心灵是密不可分的整体。身体再健康，可生活态度消极，整个人看上去也会没有活力。如果放任负面情绪增长，我们就容易沉湎于过往，并且患得患失，或为前路茫茫而感到恐慌。这是人的通病。因此，我们要像鼓励孩子一样，有意识地多多鼓励自己，告诉自己有志者事竟成。而且越是上岁数，越要尽量少依赖别人，多进行自我激励。

此外，中年女性还要无惧新事物、永葆好奇心、勇于迎接新挑战。40岁正是女性后半生的起点，将来会有什么样的人生际遇，能取得什么样的成就，犹未可知。总之，未来的人生更值得期待!

最后，想要后半生过得充满活力，不光要保持身心健康，还要有和睦的家庭关系。其中，最重要的一点是，要让子女立足社会，实现经济独立。即便子女没有如自己所望，考入理想的学校，进入理想的企业，只要子女能够独立就足够了。女性也要改变从前对丈夫的一切都大包大揽的态度，让丈夫真正独立起来。最有效的方法莫过于女性也拥有自己的事业。

退休后的有形资产

现在，人类的平均寿命延长，女性比男性更长寿。谈及长寿社会里自己的生活规划时，很多女性都会说："啊！真是太难了！我现在必须多存点钱，晚年生活才能过得更好些！"

2019年，日本财政部下属的研究会发布的报告显示：为了过好退休生活，除养老金外，每人还需要拥有至少2000万日元的存款。这份报告引发了人们的广泛讨论。研究会发布这份报告的初衷，是为了让日本国民明白，不要光依靠养老金，还要投资股票和基金等金融产品，让钱生钱。但2000万日元这个数字却吸引了几乎所有人的注意力。我觉得这纯粹是给社会添乱。

退休后到底需要多少钱，个体差异很大，只取平均值的数据完全没有参考价值。比如，大企业或事业单位的员工工作稳定，基本可以一直干到退休。他们很多人退休后都能领取不少的退休金和养老金，名下还有房产和积蓄。但另一方面，社会上也有很多人因为工作单位倒闭，不得不辗转求职；还有很多人经营零售店等，可个体生意惨淡，不得不关门大吉。他们只能拿到很少一部分养老金。

每个人的人生际遇不同，有人事业有成，也有人事业失败。每个人的资产状况也会有巨大的差异。有些人从父母手中继承了大城市里地理位置优越的房产，有些人却继承了小地方不好处置的赔钱房产。此外，名下是否有房产、住房贷款是否还清等情况也会极大地影响一个人退休后的人生规划。与此同时，每个人的家庭情况也各不相同。丈夫或双亲身体是否健康、子女是否独立、家中是否有需要长期看护的病人……这些情况都会影响女性退休生活的质量。

还有一个最不确定的因素，那就是自己的寿命和健康状况。有些人活到90岁，甚至100岁，一直身体健康，生活能够自理；但有些人因疾病或事故，60多岁就需要别人的照顾和护理。再比如，70岁时因心肌梗死突然离世的人，和反复住院、出院却活到90多岁的人，两者退休后所需的资金也是截然不同的。再举个很极端的例子，将来日本也有可能再次卷入战争的旋涡、社会陷入恶性通货膨胀或遭遇特大灾害……

我这样把一切摊开来说，估计会招致一部分人的不满："被你这么一说，我们更是惶恐不安了！你倒是说说我们今后到底该怎么办啊！"

现在的我们规划日后的养老生活，只能大致勾勒出将来的设想，很难提前预测未来何时会发生什么事情，也很难想到万全之策。我们能做的就是做好心理准备——尽人事，听天命。

自己到底能活多久？谁都无法预测。我们不妨设想一下自己能活的平均寿命。父母很长寿，自己说不定也有长寿基因；以及一直没有基础疾病的人能更长寿。虽说尽可能长久、健康地活着，是每个人的愿望，但实际上，在人生最后的2—5年，很多人都需要接受治疗、照顾和护理。每个人都希望自己活着时精神抖擞，寿终时安详离世。但现实却是残酷的。当我们生病时，是只能承受保险范围内的花费（前提是医疗保险有效），还是不惜一切代价，接受最好的治疗和最好的护理，以及住院时住多人间还是特需单人间……这些诉求不同，所需要的金钱也天差地别。如果接受的是普通的治疗、照顾和护理，那么医疗保险和养老金一般就能负担得起。就我自己而言，子女能够独立，我也并未担任要职，今后如果生了重病，我应该不会花重金给自己“续命”。

其次就是住所问题。当我们年迈后，在不得不接受住院治疗前，有10年左右的时间我们仍旧可以独立生活。那么，在这段时间里，我们要住在哪里，又要过怎样的生活呢？

我认为，没有必要一定要拥有属于自己的房子，只要能有一处可以一直居住下去的房子即可。更没有必要到中年之后再次贷款买房。无论是政府的公租房，还是私人的租赁房，只要能付得起房租，不妨一直租下去。即便是自有房，像公寓一类的房屋还需要缴纳物业管理费和修缮费等费用。在东京拥有自有房的女性，如果今后想住在宽敞些的地方，则可以移居到小城市，然后选一个房租与东京自有房的维护费差不多的房子。

如果自己名下没有房子，还可以考虑入住提供相关服务的老年公寓或自费养老院（既有高档养老院，也有价格适中的养老院，收费标准差别很大）。我之前一直觉得，等自己身体不利索时，入住私立的、提供护理服务的养老院也不错。但有些人认为，像上野千鹤子所著的《在熟悉的家中向世界道别》中描述的那样，在自己家中接受护理服务和上门医疗服务，直到生命的尽头，也不失为一个好选择。于是，我又有些举棋不定了。但这样一来，又会面临很多问题。比如：当自己连厕所都上不了时，该怎么办？如果得了阿尔茨海默病，判断力下降，必须由专人来护理时，又该怎么办？

人生最后10年，每个人的状况千差万别，也有无数种选择。那么，像前面提到过的，自己患有慢性疾病但基本上可以生活自理的时光，又该如何度过呢？我始终认为，在自己精气神十足的时候，早早就住进提供无微不至的饮食服务、拥有唱歌房和麻将房等设施的奢华养老院，只会加速衰老，因此并不建议大家这样做。当然，这只是我的个人观点。

只要自己尚有能力独立生活，就尽可能在自己家中生活。要是嫌自己做饭太麻烦，可以在外用餐或点外卖；要是嫌打扫太麻烦，则可以委托家政服务机构提供上门服务。另外，当自己头脑清醒、身体健康时，我还建议大家尽量多做些有益于社会的事情。

总之，对于人生过半的女性朋友而言，目前要考虑的不是为了过好人生的最后阶段现在需要存多少钱，而是如何健健康康地过好后半生。在这几十年间，对于无形资产的投资远比有形资产更重要。至于人生的最后10年，可以到七八十岁的时候再定具体规划也不迟。

我在澳大利亚的时候，曾向一位友人的丈夫咨询过投资方面的事情。这位先生常年从事个人资产管理方面的顾问业务，值得信任。当时，他问了我两个问题：你一生中最大的追求是什么？在你一生中金钱对你来说有多重要？给出的答案不同，资产管理方式也不尽相同。他还建议我说："资金比较充裕时可以选择高风险、高回报的投资项目，资金紧张时则应当选择低风险、低回报的投资项目。"对于这一观点，我深表赞同。

他综合考量了我的资金状况和所需管理费用，以及管理资产时所需要的时间和精力，为我量身打造了一系列金融产品。

在日本，很多人会向银行、证券公司或保险公司咨询资产管理意见，但这些负责人肯定会力推本公司当下最热卖的产品。而且，由于人事变动等原因，负责人一般两三年就会换岗，无法向投资者提供长期的投资建议。当然，日本也有专门为投资者提供长期个人资产管理服务或建议的机构。不过，要是有信得过的朋友长期就职于银行或证券公司的话，建议直接咨询朋友。

我认为，人生过半后，就不应把太多精力放在金融资产和房地产等有形资产的投资和升值上，而要更加重视无形资产的积累。

最大的无形资产是“赚钱的能力”

在上一节中，我讲到任何一个人都无法预知未来，很难保证晚年生活一定会非常顺遂。我一直认为，晚年生活最坚强的后盾，不是拥有多少钱或房产，而是人到中老年仍有能力赚到养老金以外的钱。到了退休年龄后仍然坚持工作，每月赚8万日元[1]，一年就能有将近100万日元，远比存2000万日元的目标更能让人脚踏实地。其实，要赚这点钱，并不是非常困难的事情。与其终日盯着储蓄账户里的余额，削减不必要的开支，省吃俭用，还不如坚持工作，每月都有新进账，生活态度也会积极很多。

① 约合人民币4000元。

就算上了岁数，只要有工作的热情和一定的体力，就能找到工作。比如护理高龄老人、公寓管理员、保安、便利店收银员、大厦清洁工、花匠等，需要人手的工作很多。前几天还有一位从事家政中介工作的朋友告诉我说，家政方面的需求很大，但人手严重不足。如今的日本，70多岁还在工作的大有人在，60多岁的人相对来说还很年轻呢！虽说能用得上自己之前的工作经验，或达到退休前工资水平的工作不太好找，但明确设定一个1年赚100万日元的目标后，符合这个要求的工作却不少。

大家不妨提前设想一下，自己能接受多大的工作强度，愿意干多大强度的工作。比如：55岁时愿意每周工作30小时（每周工作4天，每天工作7.5小时），65岁时愿意每周工作20小时（每周工作3天，每天工作6.67小时）；老年人从事某些工作时，需要相关的技能和资质；有些工作要求具备熟练使用电脑或智能手机等职场基本技能。而且，这些工作往往并不需要你有多么丰富的相关经验和资历，它们更需要的是你个人的声望和别人对你的评价。

以上这些与能力无关，主要取决于你对日常工作的态度。不管干什么工作总是满腹牢骚、说别人的坏话、不遵守约定或偷奸耍滑的人，名声就会很差。而那些踏实干活、出色完成工作、让人刮目相看并善于团队协作的人，不仅受人尊重，求职时往往也很抢手。

除了替人干活外，还可以充分利用自己的经验和创意来开展新业务。中高龄人士创业需要耗费大量的精力才能让业务走上正轨。因此，不招聘员工、也不租赁办公室或店铺，而是在自己家里处理事务的工作方式会更适合中老年人。其中，财务、会计和税务等金融方面的知识是创业的基础。如果自己不太懂这些，建议和专业人士联合创业。此外，一个信得过的、适合做生意伙伴的朋友，绝对是一笔弥足珍贵的无形资产。

外貌资产

外貌也是一笔重要的无形资产。特别是在进入后半生时，一位越活越年轻的成熟女性，会让人好感爆棚，甚至会比年轻时更受欢迎。而且，不仅能收获别人的赞美，还能让自己越来越自信。皮肤松弛干燥、皱纹明显、头发稀疏，这些外貌变化容易让女性失去自信。踏上人生新舞台的中年女性，也不能放松对“外貌资产”的管理，要永远活得优雅得体。当然，在注重外貌的同时，也要加强内在气质的提升。

女性进入40岁之后，不注重自我形象的人和精心打理的人之间的差距，远比年轻时要大。因此，这一年龄段的女性一定要认识到自己的不足之处，并主动补救。眼睛开始老花，就挑一副适合自己的眼镜；注重牙齿的日常护理；走路时抬头挺胸，行走如风。

此外，还要定期打理一下头发，日常化点淡妆。其次，着装要有高级感。年轻女性更偏爱流行服饰，人到中年则可以选择品质上乘、设计简约的服装。体形和肤色改变时，搭配的衣服也要稍作调整。可以站在镜子前端详自己，看看衣服是否合身。穿衣风格不要一成不变，偶尔也可以勇敢地尝试一下新款式。可以选择逛逛商场的高档服饰区和时尚精品店，或者浏览社交媒体上流行的服饰搭配介绍，把握时尚新动向，提升自己的品位。除了衣服，可以再添置一些围巾、披肩或提包之类的小物件，通过搭配，把自己打扮得更时尚。不要觉得一把岁数，就不必拾掇自己了，成天穿些朴素单调的衣服。女性到了任何年龄，都要把心思花在自己身上，精心打扮自己！

我们身边总有一些虽不是光彩照人的美人，却越活越有魅力的女性。大家可以观察并学习她们的仪态表情。比起影视剧、广告、杂志等媒体上的女性，身边的优雅女性更值得我们借鉴学习。大家一定能在她们身上学到优雅的仪态或有品位的服饰搭配。

把自己打扮一番，揽镜自照，对着自己温柔一笑：这样一打扮，我可真美啊！心情就会瞬间好起来。要是再有位不吝赞美之词的朋友，那就更完美了！

内在美和外在美

到底什么是女性的内在美和外在美呢?

以前有些人会说，年近半百的女性，都成阿姨、欧巴桑了，哪还有什么女性魅力啊！虽说有些女性也会精心保养自己，每天都化着精致的妆容，做美容，把自己打造成“冻龄美女”，但这毕竟是少数。更多的女性则眼睁睁看着自己年老色衰，慢慢对自己的容貌失去自信。

有人认为，对年龄渐长的女性来说，更要注重内在美而非外在美。但就算一个人的心灵再美好，也无法通过外表表现出来。人们也很难透过邋遢的外表看到一个人高贵的灵魂。

外表漂亮的人容易给别人留下好印象，美貌绝对是一笔资产，但邋遢不修边幅的外表却是一笔负债。不仅是女演员、女艺人，就连政治家、企业家、运动员和科学家在内，相貌出众的人总能收获无数好感，并更容易取得成功。

特别是年岁渐长以后，外表光鲜亮丽的女性会给人一种生机勃勃的印象，人们也愿意给她们更多的机会。而皮肤松垮、皱纹和色斑明显、满身赘肉的女性难免会让人觉得“这个人快废了吧”，进而露出轻慢之意。

某大学曾在课堂上让同学们分组讨论，一位有领袖风范的、充满自信的女性需要具备哪些特质。有一组的回答竟然是“擅长化妆”。据说这个答案一出，其他人都惊呆了。因为这组人认为，化妆技术比会做报告和责任感都重要。他们认为，妆容精致不仅更容易得到男性的好感，更重要的是能让女性自己充满自信。

无论是40年前还是现在，人们普遍认为，年轻时漂亮的外表能让人充满自信，人生也会过得更顺利。但其实，年轻的时候几乎每个人都充满朝气，散发着无穷的活力。

反而是年岁渐长之后，外表更能影响一个人的自信和给他人留下的印象。

一位上了年纪却仍坚持护理皮肤、化着精致的妆容、穿着优雅知性的女性，总会得到人们的赞美。当然，并不是说要打扮得花枝招展，也不是非得是天生丽质的美人，重要的是通过得体的外表展现出一种不自我放逐、认真爱自己爱生活的人生姿态。

日本有句俗语：美女三日看厌，丑女三日看惯。这句话一语道破人性的真谛，话糙理不糙。虽然外表在很大程度上决定了我们对一个人的第一印象，但只有相处下来才会慢慢了解这个人的内心。有时我们对一个人的第一印象并不是很好，但随着一起共事，交往渐深，我们才能慢慢地了解到这个人永不褪色的内在美。一个人的知性和美丽的心灵，以及由内而外散发出的气质会让她更有魅力。

这种魅力不像精致的妆容，不会立竿见影。但经过岁月的沉淀，魅力会越发浓郁。因此，这句话可能大家已经听厌了，但我仍然希望大家在重视外在美的同时，学会追求内在美。

那么，如何提升内在美呢?

首先，具有内在美的人最大的一个特质就是能够推己及人，特别是同情弱势群体和身处困境的人。比如，很多人在面对上司时总是唯唯诺诺，可面对下属时就会轻慢无礼，完全不照顾下属的情绪。对体弱或行动不便的人更是视若无睹。的确，就算对这些弱势群体温柔以待，也不会对自己的仕途或名声有所助益。但具有内在美的人却会施以援手，真诚以待。美好的心灵会让人变得目光柔和，举止沉稳。而那些只顾自己的利益和感受，眼里只有自己，对旁人漠不关心的人，从来不会对他人表达善意，内心非常阴暗。特别是一门心思想着走捷径，为自己获取最大利益的人，行为举止都透着一股卑劣感。

当一个人不仅爱护自己的家人，还能敞开胸襟善待更多人时，他（她）会觉得万事万物都变得更加柔和。疼爱自己的子女往往不太容易得到子女的感恩，但如果对邻居或其他人的孩子表达善意，那么一定会收获别人的谢意，自己内心也会感到无比喜悦。给那些得不到家人疼爱的孩子或贫穷的孩子赠送小礼物或照顾他们时，他们一定能深深地感受到你美丽的心灵。

此外，尽量不要说同事、下属、家人、亲戚，特别是自己子女的配偶的坏话，也不要埋怨他们。这并不仅仅因为总有一天你的话会传到他们的耳朵里，而是因为攻击或批评一个人，会让你表情扭曲，仪态尽失。

其次，要活到老，学到老。日本江户时代的儒学家佐藤一斋曾说过这么一句话："少小而学，及壮有为；壮年而学，及老不衰；老年而学，及死不朽。"

从学校毕业后，我们依旧要保持对万事万物的好奇心，学习自己感兴趣的东西。有些人可能会说："我最讨厌学习了，再说我们成年人又不用参加考试，学那么多干吗？"像这样的怠惰之人，总有一天会成为一个站在人群中毫无辨识度、活力全无的"废人"。

就算年岁渐长，也应永不停下求知的脚步，日闻所未闻，日见所未见，成所未成之事。而且，求知的喜悦会让一个人由内而外散发着光芒。

近几年，全球多所大学和研究生院都在面向社会广泛接收学生，大家不妨试试看！如今的社会变化日新月异，一个人必须具备的知识和技能也在更新迭代。数字化趋势加快，我们必须具备熟练使用各种现代化信息工具的能力。不要再说“事已至此，学之晚矣”之类的丧气话，要努力实现自我的迭代更新，掌握工作必需的新知识和新技能。人到中年，正是最适合技能重塑的时期，建议大家一定要在这个时期，掌握今后社会和职场中必需的和在具体工作与现实社会中能派上用场的知识与技能。

再者，不要锱铢必较，尤其是不要被眼前的利益左右。我们只有学会放宽心，不太计较得失，人生才会过得更从容，举手投足间也会尽显优雅。不必对促销活动趋之若鹜，也不必过分关注各种免费的服务和打折的商品，完全没有必要在这些事情上花费大量的时间和精力。总想着如何让自己的利益最大化，时常患得患失的话，行为举止都会变得怪异，人生也就丧失了松弛感。

在我看来，与其囤很多打折商品，用之即抛，倒不如精选一些自己钟爱的优质商品，平时用心打理，用的时候抱着一份珍惜之情，这才是正确的人生态度。而且从环保的角度出发，这也不失为一种好的生活方式。当然，这只是我的个人观点。

对于我自己的生活方式，我觉得有一点要反省。年轻时，我总是觉得时间不够用，恨不得把每分每秒都掰开来用。当我奔走于职场和家庭之间时，觉得浪费时间就是一种罪恶。电梯迟迟不来，红灯迟迟不变绿，都会让我焦躁不安；我最厌烦排队等待，对没能在约定时间赶到的人总会忍不住发脾气。除了育儿和工作，我还要挤出时间来写作和学习，这让我根本不敢浪费一分一秒。现在回想起来，当时我把自己逼得太狠，完全没有给心灵留一块休憩之地。

如今的我觉得人活一世，不要太看重钱财，而要留一点时间给自己，以便让自己从容地享受人生。不必满脑子想着“时间有限，这也需要做，那也需要做”，而要适当地给生活留白。现在我一直努力在一些小事上实践这一观点。比如，不飞奔上马上发车的地铁；等待电梯的间隙做个深呼吸；交通信号灯变黄后不急匆匆地冲过马路，耐心等待下一次绿灯。

最后，我们应当时常向他人表达善意。一份小小的特产、礼物，或是一句温柔的话语，都能表达我们的心意。并不是有钱人才有能力馈赠他人。大家可以把自己年轻时很喜欢的、但目前用不上的物品，送给愿意欣然接受的人。比如年轻时钟爱的首饰和其他物件，尽量在它还能派上用场时送给别人。接受馈赠的一方会欣喜万分，我们自己也会满心欢喜。当然，如果对方不喜欢，那也不必强人所难。

身边只留一些承载了特别回忆或非常钟爱的物件，身无长物，极简而居。这种美好的生活态度正能彰显一颗美丽、独特的心灵。

不断提升信息素养

这几年，因为疫情和其他一些客观因素，整个社会的信息化发展越发加快了脚步。

大家通过使用网络会议软件将公司的会议从线下搬到了线上；与朋友和家人的通话也不再依赖座机或手机，而是变成了视频通话；大学课程和演讲的直播也成为常态。随着二维码使用的逐渐普及，职场内的数字化在加速，在工作中，处理信息和数据的能力已成为必备技能。而且，在日常生活中，博物馆、美术馆、公园等公共场所不提前预约就无法进入。总之，处理信息的技能和一定的信息素养已成为每个人必须具备的能力。

信息素养（Information Literacy）可概括为“利用大量的信息工具及主要信息源使问题得到解答的技术和技能”，其本质是全球信息化需要人们具备的一种基本能力。我这代人到50岁左右才实现了人手一台笔记本电脑。当时我努力地练习敲键盘发邮件。我的同龄人中也有一些很快就能玩转电脑的，但我学起来很慢，和被称为“数码原住民”、从小就活在数码世界的年轻一代根本没法比。当时，我刚从内阁府的局长岗位调动到大学，既没有秘书也没有下属，只能自己学着用电脑与外界对接和写报告，也算是自学成才吧。

如今网络上出现众多的社交媒体软件，越来越多的人在社交媒体上分享各种视频，只要搜索一下就能找到自己想学的东西和技能。因此，学会使用电脑和智能手机后，下一步就要学习如何在网络上检索并收集所需信息，然后去伪存真，获取自己所需要的信息、知识和技能。

近20年来，整个社会的信息化迅猛发展。不仅是人们的信息素养跟不上脚步，各个国家及其社会也尚未建立起一套完整的信息化社会的文明规范和准则，各种问题和纷争层出不穷。因此，面对各种各样的新闻和信息时，我们要冷静面对，思考其真伪，以及发布这个信息的人是否值得信任，并检索网络上是否有其他不同的声音。

以网络时代的日常生活中容易产生的纷争为例。有时我们会不小心把发给某个人的信息错发给另一个人，从而引起不小的误会。原本肝胆相照的朋友可能就因为这一件事撕破脸，从此分道扬镳。

如今任何人都可以上推特、脸书、抖音等社交媒体，有时自己发布的内容会遭到别人的曲解，甚至引起轩然大波，还有被他人恶意利用的风险。在信息化尚未普及之前，有时我们相信某个人嘴很严，跟他（她）分享了自己的秘密，殊不知这件事很快就传得尽人皆知。相信很多人都经历过这样的事情。而在网络时代，信息的传播速度早已不可同日而语，传播范围也令人难以想象。因此，一些涉及个人生活或个人隐私的内容，尽量不要发布到网上。一旦发布在网络上，这些内容马上就会脱离你的掌控。尤其是尽量不要在网络上宣泄自己不加掩饰的愤怒、厌恶、憎恨和嫉妒等负面情绪。这不仅仅是因为网络上的所有信息都会在不知不觉间散布开来，还因为这种信息会经久不散。大家可能会觉得自己开心的事情和幸福的经历对他人无害，但有些人却会因此而产生嫉妒之心，甚至是恨意。这一点大家一定要谨记。甚至还有些人会在分手后，将恋爱期间对方发给自己的亲密照片或个人信息恶意散播在网络上。这种报复性的犯罪行为防不胜防。因此，必须不断提高自己的信息素养，保护自己，防止个人信息被别有用心的人利用。

座机刚普及时，大家肯定遇到过各种各样的麻烦事吧。比如，正忙着的时候，忽然接到一个电话，对方絮絮叨叨讲了很久。但慢慢地，人们之间形成了一种无言的默契。比如，先问问对方是否方便，然后再谈自己的事；或通话时尽量不占用别人太长时间；打电话不同于当面交谈，看不到别人的语气神态，因此通话时需要用比见面时更和缓的语气。

再比如，电视刚刚兴起时，每个人都沉迷于电视节目和剧情中无法自拔，但如今人们可以自主选择自己感兴趣的电视节目或影视作品。总而言之，新时代需要新的文明规范。

在使用手机和社交媒体方面，相信再过几年，人们有所觉悟后，就会慢慢形成一定的文明规范和准则。比如，即便是非常亲密的朋友，也不应在聊天软件里用词太过随意，而要字斟句酌，行文规整；不必一收到消息就马上回复，而是等到时间方便时再回复；考虑到对方处于工作时间，比较繁忙，尽量不发消息等。

在新的信息化时代，文明规范和准则尚未完善前，总会产生各种各样的矛盾和冲突。比如，每个人对于信息的心理承受能力不同，有些内容会引起一些人的不适，甚至引发争论。但这毕竟是信息化时代不可避免的，应当予以接受。因此，在朋友或熟人没有照顾到自己感受时，也不必烦躁不安，而要委婉地告知对方自己的情况，同时站在对方的角度上考虑问题，共同解决这些问题。

提升信息素养的关键还在于充分利用网络信息，尝试一些新事物。要是能熟练运用这些数字工具还是非常方便的。比如，可以在家里或智能手机上观看朋友上传的视频或电影；还可以随时随地观看大学课程、公开讲座或座谈会的直播；以前必须去公司才能扫描、复印文件材料，现在一个软件就能搞定。

疫情严重的时候，我们无法出门，无法和朋友见面，难免会感到孤单寂寞。这时就可以使用社交媒体软件和对方视频聊天。特别是现在市面上的智能手机和笔记本电脑几乎在出厂时都预先安装了一些软件，可以免费视频聊天、观看视频等。我女儿现在住在比利时，外孙们经常会轮番上阵和我视频聊天。当年我留学美国时，国际话费非常昂贵，每次和家人通话都要掐着时间，寥寥数语就得挂掉电话。现在与过去简直是天壤之别。

而且，现在越来越多的人开始习惯网购。我们可以在网上订购床、椅子、厨房家电等体积大的东西，以及啤酒、饮料、洗衣液等较重的物品，然后快递员就会送货上门。这种方式对于购物时拎不动重物的老年人来说再方便不过了。此外，视频网站上还会经常更新一些菜肴的制作方法，我们学会以后也能丰富自己的餐桌。

之前老年人不会使用智能手机，无法在线预约疫苗接种的话题一度成为社会关注的焦点。而今后越来越多的美术馆、博物馆等公共场所都必须提前在智能手机上预约方可入场。要是不会使用智能手机，就无法很好地融入社会。面对这个问题，大家千万不要自暴自弃，要接受别人的指导和帮助，一步步学起来。

总之，即便不是为了工作，只是为了今后更好地生活，也要不断提升自己的各种技能。

做个“老好人”

随着年龄的增长，一些女性容易变成让周围人“害怕”的人。她们熟知日常生活中的各种规则规范，总是揪着涉世未深的年轻人的错误不放，为人严苛，不太好相处。甚至还有些女性觉得，能成为一个让周围人敬而远之的人是一件值得骄傲的事情。但我建议大家年岁渐长后要学着做一个“老好人”。很多时候，年长的女性觉得自己的行为举止并未有一丝不妥，只是在跟对方闲聊。可在对方看起来，你就像是在批评对方，想要纠正对方的错处。因此，在和对方聊天时，一定要学着做一个安静的聆听者。

不要因为对方没打招呼，自己就不打招呼；就算对方年龄比自己小，也要主动打招呼。此外，就算自己从中得不到任何好处，也不要忘记给予别人帮助和支持，广结善缘。不是去教育、指导别人，而是尽量去了解并理解别人。

年轻的时候，如果总是压抑着自己的想法不说，就容易被别人遗忘；当自己字斟句酌地表达清楚自己的想法时，又容易招致别人的批评或反驳。尽管如此，我们还是能从中认识到自己的不足，并不断成长。这时直抒己见并不是什么坏事。但如果到了中年，还是一味地坚持自己的主张，要求凡事都按自己的方式来做，过分计较个人得失的话，那就不妙了。我们很容易在不知不觉间成为别人眼中难相处的人。不妨看看周围那些只关注个人利益的人，他们最终并没有得到什么好处。因为只看重眼前利益，往往会丧失长远利益。

因此，年岁渐长后，一定要懂得欣赏和赞美别人。赞美对方时，不是出于虚伪的客套，而是善于发现对方的长处，看到对方的努力。包容周围人的缺点和失败，对他们的成功和好运气给予由衷的祝福。做到这一点的确不容易，而且赞美别人时，我们总会忍不住与自己做比较。但仍要大方地赞美别人，与其斥责、教育对方，倒不如夸赞他们做得好的地方，激励他们今后做得更好。学会赞美，用你的行动潜移默化地影响身边每一个人吧！

一个不计得失、愿意关照后辈和朋友且不图回报的人，周围人会对他（她）心怀谢意，不吝赞美之词。而在职场里，给有权有势的人送礼，整天低头哈腰，对人微言轻的人则鄙夷不屑的人会渐渐失去人心。我们的后半生最需要的，并不是那2000万日元的存款，而是自己鼓励过他人、关照过他人和帮助过他人等实实在在的事，以及自己由此获得的声望与信誉。这才是我们的无形资产。

我年轻时有一位年长的朋友经常请我吃饭。最近我终于做东请她吃了一顿饭，心中不由欣喜万分。我年轻时她非常关照我，现在她拜托我的事情我都尽量一一办妥。不光是我，相信任何一个人在年轻时都曾受到过别人的关照，对于帮助过自己的人，我们肯定都是满怀谢意，希望有朝一日能够报答这份恩情。俗话说得好：帮别人就是帮自己。温柔待人，将来终会被别人温柔以待。

能拉别人一把时就要拉一把，这也是对未来的投资；收获好运时，记得与别人分享，今后的运气才会更好。这样的人看似吃了亏却不求回报，是个老好人，但这其实也是一种无形资产的投资。而这种投资，将来必会回报颇丰。这种回报可能只是一份谢意，更多时候则会是对方介绍的一份工作、介绍与重要人物的会面或帮助孩子等形式。

明知是一份苦差事，却咬牙应承下来的人，最后总会是好的工作机会不断，朋友众多，声望颇高。反之亦然。有些人觉得自己反正上年纪了，无须再顾及别人的感受，被别人讨厌也无所谓。他们总是口不择言，甚至觉得能让别人敬而远之是自己的本事。但口无遮拦的言论，不仅会惹人讨厌，还容易伤害别人甚至招致别人长久的怨恨。真正珍惜长久人际关系的人，即便是要澄清自己的观点，也会在说话前仔细斟酌，不愿对别人造成伤害。毕竟伤害别人，也意味着损害了自己的无形资产。

那些只顾自己的利益，到处钻营的人，当然会让其他人避之不及。谁都不愿意和一个为达目的而利用朋友的人共事，更不愿意帮助这样的人。一个唯利是图的人，一个口蜜腹剑，面对当权者极尽奉承，背后却说人坏话的人，只会让大家都心存戒心。这样的人看似获得了眼前利益，但长远来看人生格局会越来越小。随着年岁渐长，那些不相信任何人，与人交往只看对方是否有利用价值的人，内心必然会被孤独和空虚占据。因此，我们的一言一行，以及与人交往的点点滴滴，都将成为我们的无形资产。无形资产越多，内心才会越富足。

再就业时，别人愿意给他（她）介绍工作的人，不一定是那些极具才干、工作能力极强的人，反而是那些人品好、喜欢关照他人、性格开朗又稳重的人更容易得到工作邀约。那些喜欢对别人的做法指手画脚，或是觉得对方开出的薪资报酬太少而断然拒绝的人，一般很难得到新的工作机会。当时有人也是这样评价我的：“那人真是个老好人，才会接这么费力不讨好的工作，还成天忙得团团转。”但我却觉得报酬不多也没问题，因为通过新工作，我走进了一个新的世界，有了新的工作圈子，还能为社会做出贡献。这就是我得到的最大的报酬。

当然，如果一个人仅仅是为人不错，但工作懒惰，整日无精打采，或能力不足，别人也不会给他（她）工作的机会。因此，有一定的能力且人品好的人，无论是交朋友，还是做同事，都是最好相处的。

人到中年，如何交友

如果在一个人的生命中，能有一个对自己知根知底且愿意包容自己一切的挚友，那绝对是人生之大幸。很多人都认为，只有在学生时代或年轻时，才能交到这样的人生知己。等我们长大成人进入社会之后，虽然由于工作关系会认识很多人，却无法和这些人成为可以交心的挚友。

那么，果真如此吗？

我年轻时也曾和朋友一起相伴旅行，秉烛夜谈至天明，那时的我一直觉得朋友比父母和姐妹还要懂我。

上大学后，我也有幸结识了很多人品、才干都出类拔萃的朋友。当时我们有大把大把的时间，彼此谈心，一起结伴同行。但毕业后我们各奔前程，成家立业，很难抽出时间来见一面。渐渐地，我们的共同兴趣和话题越来越少，彼此日渐生疏。但久别重逢后一起追忆往昔，大家仿佛又回到了无话不谈的大学时代。不得不承认，年轻时结交的朋友绝对是我们一生的珍宝。

不过，从学校毕业进入社会后，在职场上、在各种团队活动中，以及在研究人员的学术圈里我又遇到了很多人。有在职场上一起拼搏的同事，有带着同样的目标同舟共济的上司和下属。一种志同道合者间的深情厚谊将我们紧紧地联系在了一起。后来，我在美国的波士顿和澳大利亚的布里斯班也遇到了很多优秀的朋友。

我的一些朋友也跟我说过，孩子小的时候，她们和一些“宝妈”及家长会的家长们成了亲密无间的朋友，还和邻居相处得像家人一样融洽。随着孩子们逐渐长大，进入不同的学校读书，或是搬家，就不得不和这些朋友分离了。虽说现在可以和从前的朋友们在社交媒体上保持联系，但毕竟还是会渐渐生分。

在人生的不同阶段，我们总会和不同的朋友产生交集。随着年岁渐长，突然发现身边连个可以谈心的挚友都没有了。这种情况并不少见。孤独是难免的，但我们不得不接受这样的现实。

前几日我看了一档人生访谈类节目，其中有一位50多岁的女性诉说了自己的烦心事：现在虽然自己也有一些表面上的朋友，却找不到一个可以推心置腹的挚友。说实话，初高中生有这种想法还情有可原，但一个人生过半的成年人还有这种想法，着实让我有些吃惊。

其实这个世界很少有人能遇到一个愿意包容自己的一切、值得自己完全信赖的朋友。这种朋友本身就很少，而且很难遇到。如果一生能遇到一个这样的朋友，那绝对是人生一大幸事。

朋友总是耐心地听你诉苦、鼓励你，你也要倾听朋友的烦恼和抱怨，这样亲密关系才能长久。只是一味地索取，却从不曾给予对方慰藉，这样的朋友关系很难长存。没有任何一个人能够轻轻松松走进别人的内心。心目中的挚友本就很难觅得。

对于中年女性朋友而言，我认为能拥有很多彼此欣赏且保持一定距离的好友，要比只拥有一个挚友更幸福。和这样的朋友待在一起时，自己会变得很放松、很开心，可以让对方偶尔帮个小忙，也可以一起商量一些事情，欣赏对方的优点，对对方的缺点宽容以待。有三五个这样的好友，好过只有一个能够完全信赖、心心相印的挚友。因为这样的人生目标更容易实现，也会让人更幸福。

虽说挚友会在自己面临困境时毫不犹豫地挺身而出，但这是可遇而不可求的缘分。我们一生中总能和优秀的人、值得尊重的人、生活方式与自己不同的人，以及有着与众不同的想法的人不期而遇。此外，每当我们换一个新的工作环境，我们总能见到很多新面孔，认识很多新朋友。因此，即便没有挚友相伴也不必寂寞，相信自己总会在工作或团队活动中接触到新的人和新的世界。

我在进入大学这个新的工作环境之后也结识了更多的人。虽说我们在新环境中和其中一些人只是点头之交，却也有可能和其中一些人成为朋友。我认为，即便和优秀的人做不成朋友，也可以做对方的“粉丝”，欣赏对方。做很多优秀之人的“粉丝”，岂不妙哉！朋友是一种相互关系，你觉得对方很优秀、值得尊敬的同时，对方也要对你有同样的看法。要和对方做朋友，就要在下次见面时向对方示好，并表达想和对方做朋友的愿望。但“粉丝”只要自己一方欣赏对方、支持对方即可。

因此，与人交往，不要总想着和对方成为挚友，而要善于发现身边人的优点，做他们的“粉丝”。这样的人生总会让我们充满期待。

当然，如果自己没有一颗为身边人的优点而感动的柔软的心，那就无法成为他们的“粉丝”。要做到这一点，首先我们要主动和对方问好、搭话，以及用语言和笑容来表达善意。这样做基本上就够了。如果还想和对方再亲近些，可以主动给对方搭把手，做些让对方感动的事情，慢慢地拉近彼此间的距离。只要时常做一些能让对方欣然接受的事情，无论多大年纪，都能结识新的人，交到新的朋友！迫切地想和对方成为挚友，对对方期待过高，往往会适得其反。期待越大，失望就越大。不妨稍微降低一点对朋友的要求，这样反而能相处得更融洽。

不必急于对过去的人际关系进行“断舍离”

想必大家对“断舍离”这个词已经再熟悉不过了。相信很多女性朋友也在日常生活中实践过这种生活方式吧。学会对物品的断舍离，意义深远，只有当我们体会到舍弃的痛苦时，才能慢慢做到不买不需要的东西。在这个物质泛滥的社会，这样的生活态度显得尤为可贵。

那么，人际关系也需要“断舍离”吗？当我们从学校毕业、结婚、跳槽、搬家后，总免不了要远离从前的人际关系。有些人便会急着割舍过去的人际关系。但我觉得这样做未免有点不值当。

一生中，人与人的相遇着实不易，完全没有必要为了新生活而舍弃之前好不容易建立起来的人际关系。

如果是本来就不喜欢，待在一起不开心，但因为对方是同事或邻居，出于一种义务勉强与之相处，那么舍弃掉这样的人际关系也未尝不可。但值得尊敬的、曾经关照过自己的，以及同甘共苦过的人，应当铭记于心。要是觉得这些人都不值得怀念，觉得“反正又不常联系，心里还记挂着他们太过伤神，不如直接舍弃掉为好”，那我只能说这绝对是你的损失。

身处的环境一变，和以前认识的人见一面、一起做些事情变得越来越难，或者彼此越来越聊不到一起，种种原因让我们彼此越来越生疏。在人的一生当中，我们会在不同的阶段和场合遇到不同的人，并与他们成为朋友或工作伙伴，建立一种“流通”的人际关系。在这其中，一些人会“留存”下来，我们得以与之保持相对长久的友谊。长久的友谊，不会因环境的变化或不常见面而冲淡。在我们心中，他们仍旧是我们最珍视、敬佩的朋友，只要他们一句话，我们就会鼎力相助。这样的人际关系才能长存。

全世界人口数量已突破80亿人，而日本有1亿2000万人。有多少人能够与我们相识，一起谈天说地，一路结伴同行呢？能够与自己惺惺相惜、共同进退的不会超过20人，在职场中一起共事过的同事不超过100人，名字能对得上长相的则在几百人左右。这些数字看起来似乎有点少，但更说明人与人的相遇是一种缘分。

有缘相识的人，对于我们的人生而言，是一种看不见的财富，即无形资产。即便现在我们有了各自不同的生活圈子和工作圈子，这些人仍旧是我们的重要人脉。我们无法和他们经常见面，只是互寄圣诞卡片或新年贺卡，相交淡如水。但只要自己有什么事，马上就能联系到对方；自己寻找合作伙伴或有工作机会时，也会很快想到对方，也能请对方帮一点小忙。

在美国、中国等国家，换工作时能够帮得上忙的往往就是这些人脉。同家人、亲戚或是一起共事的职场同事相比，与这些和自己身处不同世界的人相识，才能让自己的人生之路越走越宽广。而且这些朋友不仅能在换工作时助我们一臂之力，还会给我们提供建设性意见，介绍靠谱的人认识，或从不同视角给“当局者迷”的我们出谋划策。与这些值得我们信赖的朋友保持平淡如水的交往，会让我们的人生变得更加丰富多彩。我也一直对这样的朋友心存感激。因此，我建议大家不要彻底舍弃这些老朋友，与他们平淡相处就好。

是缘分让我们与他人相遇相知，成为朋友或人生伴侣。如果不用心经营，再深的感情迟早也会消磨殆尽。因此，也建议大家不要完全不在任何同学聚会上露面，只要时间允许，就可以偶尔参加一次，和同学们保持联系。

而且，还要与通讯录上的每位朋友，每年至少发一次消息，或打一次语音或视频电话，这样有事时才能很快和对方取得联系。我认为，拥有很多这样相交淡如水的朋友或自己欣赏的人，是人生中一笔巨大的财富。

有时我们也难免会和关系亲密的朋友产生误会，或是因意见不合而产生矛盾，彼此闹得不太愉快。遇到这种情况，有些人会立刻发表“绝交宣言”，从此和朋友分道扬镳。我们已经不是初中女生了，完全没有必要说些“我再也不和你玩了”“我们绝交吧”之类的负气话，与对方一刀两断。大家都是成年人，随着年岁增长，你会发现相处甚久的朋友才是我们的财富。

作为一个成年人，和对方意见不合，或不满对方时，那就尽量少碰面，保持距离，给彼此冷静的时间，不要动不动把“再不见面”之类的话挂在嘴上。时间和距离会慢慢冲淡我们心中的愤怒和不甘。曾因一些事情闹得不可开交的朋友10年之后再次相见，一起回忆往事，两个人说不定会冰释前嫌，重归于好呢。

因此，就算以前彼此闹过矛盾，也尽量不要彻底斩断人际关系，而要交给时间去解决。若无缘，往事一切随风飘散；若有缘，则注定会重逢。不仅仅是朋友间，恋人和伴侣间同样也是这个道理。

今后的人生之路会越来越漫长，我们必须长远地考虑自己的人际关系。与其和对方成为暂时的“挚友”，之后却彻底斩断关系将其抛诸脑后，不如和自己欣赏的人保持淡淡的联系，慢慢拓展人脉，这会极大地丰富我们的人生。

如何处理与父母的关系

随着年龄的增长，我们与父母的关系也会慢慢发生变化。从我们呱呱坠地起，父母从长辈的角度出发，希望我们茁壮成长，一生幸福美满，在物质和精神方面给予了我们极大的呵护。父母为我们倾注了满腔的爱，每日给我们准备可口的食物，让我们做自己喜欢的事情，希望我们永远开心。当我们长大成人后，父母对我们也是满心牵挂：身体是否健康？工作是否顺利？和丈夫相处得是否和睦？……但有些子女总是把这些看成是理所当然的事情，不懂得感恩，甚至埋怨父母太唠叨。

不少子女还会同父母唱反调，辜负了父母的爱与期望，导致亲子关系出现裂痕。甚至有些人到了三四十岁，人生过得不如意时，把一切归咎于父母，恨年少时父母把他们的意愿强加于自己，或是父母的教育有问题，所以自己才会变成这样的性格。还有些人看不起自己的父母，觉得他们在社会上一无所成，也没有一份体面的工作或是姣好的容貌。他们的想法何其幼稚，但却是真实存在的。

随着我们步入中年，父母的体力和精力会以肉眼可见的速度衰退下来。我们也从向父母一味索取、依赖又时而反抗他们的角色，变成关心照顾日渐衰老的父母的角色。

有些女性年少时遭受了来自父母的严重心理创伤。她们在精神上遭受父母的虐待，被父母无视，受到和其他兄弟姐妹不一样的不公平待遇。但这样的例子毕竟是少数，大多数的子女还是被父母呵护着长大的。

父母日渐衰老时，子女与父母之间的关系会悄然发生变化。与之前的关系相反，如今父母开始需要依赖子女。从此，子女才从真正意义上实现了独立。

当父母年岁渐长时，即便不需要子女的护理，但他们气力日渐衰微，会对独居生活感到担忧。看到惴惴不安的父母，子女自然也会产生一丝不安的情绪。因此，有些人会选择把父母从老家接过来，或搬到父母家与父母同住。不过近几年，随着老年人福利机构的不断增加和护理保险的不断普及，这种情况开始发生变化。父母在自己家里生活，子女来回奔波护理父母的例子有所增加。还有些父母不想和子女住在狭小的城市住宅中，而是选择留在熟悉的老家，住在自己家中。需要接受看护服务时，则入住自费养老院或提供相关服务的老年公寓，子女会经常来探望。总之，老人也有了更多的选择。

我们需要明白，照顾、看护父母会是一场持久战，选择一种既能保持自己现有的生活节奏，又能让父母安度晚年的方式，不失为明智之举。此外，正如我之前多次建议大家的，无论如何都不应当为了照顾父母而早早辞职。

如何处理与子女的关系

人到中年，不仅是与父母的关系，我们与子女的关系也会进入一个新阶段。虽说每个人情况不同，但大体上，等到我们50岁时，早的话子女或许已经结婚，晚一点的话，子女也该上高中或大学了。我们作为父母单方面地保护和教导子女的时期已经结束。即便此时双方关系还未完全对等，但我们也应当把子女作为一个能够独当一面的大人来对待。

对于有些女性而言，倾注全部心血养育孩子，便是她人生中最有成就感的事情。

我女儿小时候，我也曾每天一大早骑着自行车把她送到幼儿园，然后再坐上人潮汹涌的地铁，赶去上班。现在回想起来，那段岁月虽然忙得晕头转向，却是我人生的鼎盛期，真是让人怀念。然后到了50岁和60岁的时候，我又遇到了与养育孩子不同的、值得自己去尝试的新工作。

前几天我看了某杂志上的一篇人物专访。有一位母亲给杂志写了一封信，诉说自己30岁的儿子没有一份稳定的工作，也没有结婚的意愿，她的内心非常煎熬，也很怀念儿子幼年时一起度过的时光。如果让我来解答这位母亲的困惑，我会对她说：执着于过去，毫无意义，要学会适时放手。从某种意义上说，父母和子女相互依赖，相互倚仗，会让彼此内心更加安定。虽说有时也会觉得再这样下去对彼此都不好，但转念一想：要是我不从旁照顾着，这孩子以后该怎么办呢？这也让父母有了生活的动力。但长此以往，父母和子女都无法顺利迈入下一个阶段。因此，一定要痛下决心，斩断过去的那种依赖型亲子关系。我18岁到东京大学求学时，就是我离开父母独立的开始。

每个人的时间节点不同，对大多数人来说，子女参加工作或结婚之时，就意味着他们已经完全独立了。之后，父母也要学会独立，心理上不应再对已经长大成人的孩子过分依赖。只有当子女在精神层面上真正地成长起来，成为一个独立的成年人时，他们才会真正体会到父母对自己深沉的爱，并懂得感恩。一直生活在父母的羽翼下，被父母娇惯的孩子永远长不大。尤其是一边反抗父母，一边却又摆脱不了对父母依赖的子女最让人担忧。不少教育专家都曾说过：孩子18岁时或进入大学后，父母的工作就告一段落了。而我觉得，不用等到子女18岁时父母才放手，而应该从10岁左右开始就慢慢地引导孩子学会独立。在这个过程中，母亲一定要有属于自己的世界，最好的方式莫过于重返职场。这也意味着过去的亲子关系已告一段落。从此以后，不光是孩子要学会独立，父母也要学会放手，不能过分依赖子女。

有些职业女性虽然经济独立，但精神上还是很依赖子女。因此，子女长大成人后，我们应当和子女的生活保持一定距离，孩子上大学后不要再和他们住在一起。

只有当子女远离父母，开始独自生活时，他们才会明白，父母对自己的爱并不是理所应当的，而是值得感激的。俗话说：有儿方知父母恩。只有自己有了孩子，做子女的才会真正体会到养育孩子要付出多少心血，忍受多少煎熬。如果这时父母能够帮着子女带带孩子，父母和子女之间又会建立起一种新的关系。

以前的父母，可能在自己50多岁时就迎来了孙辈。但随着年轻人的晚婚趋势越来越明显，如今父母开始照顾孙辈时大都已年过六旬。在子女尚未成年前，为了让子女尽快实现自我独立，父母会有意地和孩子保持一定的距离。但子女成家立业后，尤其是女儿生孩子后，还要奔波于养育孩子和工作之间，光靠托儿所、保姆的助力远远不够。这时，父母无疑是能助女儿一臂之力的得力帮手。因此，如果女儿的事业做得风生水起，希望生完孩子后仍能从事自己心爱的工作，父母不妨住得离女儿近一些，这样可以方便照顾外孙、外孙女。帮忙照看一下生病的孩子、带孩子去打疫苗、看牙齿等，父母能帮上子女很多忙。此外，有些女性离婚后成为单亲妈妈，更是需要父母在育儿方面给予自己极大的支持。

对于老人来说，照顾孙辈非常耗费精力，但毕竟还有托儿所、托管服务等的支持，还有孩子的父母。因此，照顾孙辈只是老人的兼职工作，老人还是要以自己的工作和生活为重。

第4章

活到老，工作到老

做好心理准备，坚持工作到老

从大学一毕业就进入一流企业工作，一路从科长升到部长，进入管理层，甚至董事会。这样的“职场晋升剧”大概真的只能在电视剧里看到了。大部分人从学校毕业后先后进入几家公司工作，直到退休可能都没能进入管理层。女性更是如此。大多数女性员工根本没有证明自己才华与能力的机会，到了一定的年龄就会彻底升职无望，只能“坐等”退休。

一个人的职业生涯成功与否，并不完全由他（她）的工作能力来决定。事业有成的人，当然必须具备一定的工作能力，才能做出不错的业绩，但运气好、赶上好的时机（时代）也是很重要的因素。对于女性来说更是如此，事业不成功的女性并不是说她没有能力，有时时运不济，也会严重影响她的职业发展。很多时候并不是因为她能力不足或人品欠佳，纯粹是因为没有好的工作机会或没碰到一个好上司。比如，一直在公司勤勤恳恳工作的女性，既有工作能力，又有拼劲，却因为一些其他因素（可能会休产假，有了孩子就无法经常加班）没被分到一个能迅速做出一番业绩的核心部门，而是被分派到事务单调的后勤部门。尤其是20世纪90年代泡沫经济崩溃后，日本经济陷入停滞状态，女性们咬紧牙关努力工作，却还是没有出人头地的机会。

今后，女性朋友在跳槽找工作、再就业时，需要以新的标准来衡量一个工作岗位的好坏。虽说很多女性退休前没有机会升到管理层或跻身董事会，但这些默默奋斗在各自工作岗位的女性身上有很多优点，这些都是她们丰厚的无形资产。比如，她们人品好，值得他人敬重；靠自己的兴趣爱好取得了可圈可点的成绩，文化造诣很高；有优秀的朋友和业界熟人相伴。如果可以充分发挥这些优势，必定能创造出一片新天地。

另外，女性在做角色转换时一定要对自己充满信心。有些人担心自己一旦离开熟悉的职场环境，就会变成一个对社会毫无用处的人。其实根本不必担心。

当年我也曾惴惴不安，担心自己不当公务员后会找不到工作，一直赋闲在家的话，就会和社会严重脱节，变得毫无用处。但后来事实证明，我只是在杞人忧天。

我作为公务员的职业生涯虽然终结了，但我仍然身体康健，而且工作经验极其丰富。因此，我得到了很多有薪或无薪的工作邀约。虽说我并未持有会计证、英语资格证或司法证书等专业能力证书，但我这些年出版了20多本书，也算是小有所成。这时，昭和女子大学向我伸出了橄榄枝。

时至今日，一直坚持工作的我有了一笔较为可观的存款，而且由于参保年限长，养老金也不少，退休后的基本生活能够得到保障。而且，我有自己的房子，两个女儿也都有自己的工作，我没有其他的开销。我也不必像男性一样，要养家糊口，我完全可以自己赚钱自己花。我还有余钱出去旅游，与朋友聚餐，参观展览或听音乐会。当然，并没有达到可以随意挥霍的程度。

一定的经济基础是一直坚持工作的女性的最大有形资产。

此外，一直坚持工作的女性在职场中练就了坚韧不拔、勇于克服困难的品质，得以与优秀的人相识，也有很多一起同舟共济的同事和后辈。这些都是她们宝贵的无形资产。即便是退休后再次上岗，也不会像初入职场的新人一样一切从零开始，而是拥有了丰富的经验。因此，一定要充分发挥自己的优势。

有了一定的积蓄后，我们在选择下一份工作时，就不会只考虑由此获得的收入是否够维持生活，还会考虑新工作干得是否开心，自己有没有新的收获，或是有没有为社会做出贡献。

当然，有些朋友会想：我也不知道自己退休后还能活多少年，将来会不会罹患花销巨大的疾病，光靠现在这点积蓄没有什么底气，必须再多存点。但正如我之前提到的，将来的养老金制度会发生哪些变化，物价会上涨多少，我们会得什么病，这些都是二三十年以后的事情，我们根本无从得知。并不是说有多少存款，我们就能高枕无忧。我们能活到多少岁，会得什么病，会花费多少钱，这些事情我们都无法提前预知。钱当然是越多越好，但如果不提前给自己定个标准和目标，那么自己将永远对未来充满不安。因此，不求多富足，只求能保证基本的生活质量，做好准备，每日脚踏实地地生活，比什么都重要。容易陷入“晚年贫困”之窘境的，一般都是没有固定工作或一直靠啃老等从年轻时起就没有人生规划的人。

很多女性朋友都希望能做自己喜欢的事情，以兴趣爱好赚钱。但无论是搞艺术还是经营一家小店，其实要付出的努力远比一份在企业里朝九晚五的工作所付出的多得多。另外，如果在工作之余还想要追求自己喜欢的事情，那就一定要有可以自由支配的资金或收入做保障。因此，我希望女性朋友不要只选择自己喜欢的事情，而要把目光放长远，选择那些能够为社会创造价值的工作。“每天做点自己喜欢的事情，悠闲地度过每一天”的想法只适合人生只有短短六七十年的时代。

随着长寿时代的到来，退休年龄推迟，女性朋友要改变自己的观念，在后半生也要找一份能为社会创造价值、做出贡献的工作。如果觉得某个课题很值得深挖，但还没有相关企业或团体研究这个课题，甚至可以自己创立一个致力于这个课题研究的团体、NPO（非营利组织）或企业。这对中年女性朋友而言也是一个很不错的选择。

不妨先做一些准备工作，寻找合作者，并找准自己的目标。毕竟这个社会还是需要很多为残障人士提供工作岗位，或帮助独居的高龄老人处理家务及相关事务的福利性企业的。做这些工作，虽说不能大富大贵，但一直坚持做对社会有贡献、对他人有意义的事情，尽一份微薄之力，也是一种人生追求。

给女性的终身职业发展建议

在一个可以从毕业一直干到退休的企业里工作，可以说是非常稳定，但也是可遇不可求的。尤其是当下这个时代，全球经济不景气，还进入了老龄化社会，论资排辈的制度已经被很多企业淘汰。如果说只是因为连续工作年限达到了一定标准，就应该升职加薪，那么如果员工并没有做出相应的贡献，就会成为公司的负担。企业若要获得良性发展，就必须不断雇用新员工，引入新人才，优胜劣汰制度自然就应运而生了。无论男女，在给自己做职业规划时都要首先明确这一点：在老板眼中，没有一个员工是无可替代的。

日本的很多企业都是按照工作年限长短来决定员工的职位和工资，这并不是员工本身能左右的事情。即便从事同样的工作，年纪较长的女员工工资就是要比年轻女员工高。在老员工群体中，有些人还未掌握如今职场必需的ICT（信息通信技术）技能，或者仍未提升自身的知识储备，还在用以前的老方法工作。这些人注定会成为公司的累赘，也就意味着终究会被“砍掉”。因此，每个人都要弄清自己的薪酬和自身价值（参照在其他公司工作的、从事同样强度工作的员工的工资水平）是否成正比，以及客观认识自己在公司所处的位置。即使你本人觉得自己已经很卖力地在工作，处理事务的能力绝不逊于同年龄的男员工，也要重新审视一下自己。

很多时候，女性觉得自己比公司的同期员工和后辈更善于沟通或接洽业务，但这并没有客观的证据，而且别人对女性的评价未必如女性自己预期的那么高。如果和公司里同批入职的男同事相比，可能有歧视女性之嫌。那就和同期进入公司的女同事比一比，可能自己的工资还算高的。然后再看看其他公司里女员工的待遇如何。

在换工作时，大家一定要预想到，如果是完全换一个行业，那么之前所取得的所有成绩在新工作中都将一笔勾销。而且，不太可能找到一份拥有一定职权的新工作；工资最多相当于之前的70%，甚至有时候都不及之前的一半。因此，不管是一直在一家公司工作，还是另寻机会跳槽，尽量都选择在同一个或者是相近的行业内，这样你的经验和知识储备就不会浪费。这也是人们常说的“积累的重要性”。年轻人给自己的职业生涯做规划时，可以以50岁为分界线。50岁之前，深耕于某一领域，重点考虑如何获得长足的发展。50岁之后的职业规划，则可以换一个思路。尤其是随着退休年龄的推迟，每个人的职业规划都要重新思考与安排。

现在，很多男性退休后会以兼职或外聘的形式继续工作，而大多数女性退休后就不再工作了。这是因为男性仍肩负着养家的重任，而大部分女性还有家务、照顾孙辈等一大堆“工作”等着她们。

但我强烈建议，女性朋友过了50岁也要继续工作。有些人觉得之前一直忙于工作，太累了，就想轻松悠闲地度过往后的日子。但过不了一年，你就会感到枯燥与乏味。尤其是边带孩子边坚持全勤工作的女性，她们早已习惯了忙碌的生活。可以稍微休息一段时间，但精力旺盛的女性还是要尽量找份工作。有很多男性一退休就过上了“每天都是周日”的生活，会老得特别快，女性也一样。

就算工资并不是很高，也要坚持工作。如果体力不足，则可以以外聘的形式，一周工作两三天。就当作这份工作是为了给社会做贡献。如果不介意工资低的话，可供选择的工作还是挺多的。当下的日本社会，环境问题、儿童贫困问题、独居高龄老人等问题亟待解决，很多非营利性组织都在致力于解决这些问题。而这些非营利性组织急需愿意四处奔走和帮忙处理事务的人，却支付不了高工资。如果有人不计报酬，愿意从事会计、接洽、会议准备、会议记录等事务性工作，那他们当然是求之不得。

中年女性再就业时，不太好进入大公司，但中小企业的门却是一直敞开的。不光是非营利性组织，很多中小企业现在也面临招人难的问题。但应聘前，大家一定要做好心理准备：这些人手不够的中小企业招聘时虽然没有年龄限制，但与大企业相比，工资要低很多，而且一般不会轻易给员工涨工资。可能有些人会担心小企业经营状况不稳定，但很多经营时间很长的企业，别看规模小，根基却很稳固。大家不妨上网查一下。当然，大家也可以直接上招聘网站查看招聘信息，不过网上的招聘对象一般以年轻人为主。

过去一直负责会计、税务或社保事务的人，很快就能在其他企业或机构找到新工作。即便没有相关经验，只要愿意从零学起，就一定能掌握一门非常有用的技能。比如，会计证或社会保险劳务士[①]证等资格证书能在应聘时派上大用场。另外，现在幼师行业已经开始出现人手不足，不久的将来，护工也将面临同样的问题。而幼师和护工还招聘兼职人员。大家不妨抱着做一名造福社会的有偿志愿者的心态去试一试！

体验一下与之前的职场完全不同的世界，也是一种难

---

① 简称“社劳士”，考取该资格证以后，可以从事人事、劳务管理、社会保险专家等职业，为企业制定专业的劳务管理制度、办理劳动社会保险等，用途很广泛。

忘的经历，绝对值得期待！

有时，大家难免会因新工作颠覆了之前的认知而吃惊，甚至感到困惑，或因自己的经验在新工作中派不上用场而失望。经历这些不一样的过程，也是一种独特的人生体验。我刚结束公务员的工作进入大学的时候，也曾因身处一个陌生的环境而感到不知所措。但过了一两年，我就渐渐地适应了大学的工作氛围。

与其顾虑太多，不如放手一搏，结果往往会出人意料。

关于再就业的建议

以前女性退休后，会去享受轻松悠闲的生活。但今后女性退休后，完全可以尝试一种新的可能。如今50多岁的女性换份职业或工作的机会大大增多。虽说任何人干一份新工作时都会内心不安，但即便如此，也要鼓足勇气踏出关键的第一步，揭开人生的新篇章。

刚进入一个新的工作环境时，作为一个年长的“新人”，一定要收起自己的意见和偏好，仔细观察周围的一切。在还未摸清工作环境前，先要眼观六路、耳听八方，谨慎行事，专注于做好自己的分内之事。切忌和比自己小的上司套近乎，与人交谈时要使用礼貌用语。和周围人熟悉之后，可以措辞稍微随意些，但刚入职时一定要恭敬再恭敬。此外，着装方面也要多加注意。着装最好中规中矩，不必为了新环境穿些时髦而彰显品位的衣服，也不必为了证明自己还年轻而刻意打扮自己。至于文件格式和职场习惯等关乎公司和个人形象的内容，从一开始接手时就要努力改变自己以往的行事风格，慢慢融入新环境。

在新的工作环境中最忌讳大谈特谈自己以前的资历和经验。很多时候，自己可能只是想就事论事，但在别人看来却像是在炫耀。尤其是从大企业或行政部门进入中小企业或私营企业，或是从规章制度严格的企业进入非营利性组织等还不够成熟的机构时，更要谨言慎行。大家应当把过去的荣光留在过去，而不是张口闭口“我以前做过哪样哪样的工作”“认识这个人那个人”“在我以前的单位（公司）……”，这样的话一出口，必然会招人嫌弃。在处理日常工作时，不同的公司各有章法，比如文件分类的方法、汇报工作的形式、接洽业务的注意事项等。俗话说，“入乡随俗”，在处理这些细枝末节的事情时，不要依照自己一贯的做法去做，而要依照新工作环境的习惯和规则来做。

但有机会发挥自己的强项和专业时，一定要当仁不让。如果自己擅长外语、计算机或会计等具体技能，而恰好公司里需要这样的人才时，一定要毛遂自荐。只要自己能做出一番成绩，别人就会另眼相看。在日常交往中要为人随和，不必强出头，但有重要的工作指派时，一定要拿出自己的实力来，别人才不会小瞧自己。

有些女性朋友很久没有工作，一直在家中照顾一家老小。等到子女大了，想为自己的后半生多存些钱，或是分担丈夫的房贷负担，于是想找一份工作。这时，千万不要觉得自己一无是处，而随便找些没有技术含量或低工资的工作。至少要先查询招聘信息，看看哪些行业和企业在招聘，哪个工资水平的工作较多，把握整体的招聘情况。然后再对招聘信息进行筛选。如果三年甚至五年都没有工作的话，招聘市场已经发生了翻天覆地的变化。因此要提前做好准备工作。千万不要觉得自己还年轻，一看到有个工作机会，就贸然往前冲。要知道现在大多数公司的招聘条件都很苛刻，要求员工必须具备职场的基本技能。因此，大家要花一些时间，认真地接受一些培训，提升自我技能，这样也能在找工作时派上用场。

其实，无论年龄大小，再次就业前大家首先要认真思考自己的真正诉求。自己找工作，是单纯因为比较清闲，还是因为想赚钱、不想和社会脱节，或是为了发挥自己的才干？毕竟没有一份工作能够兼顾所有这些因素，因此，找工作前一定要先过自己这一关。

大公司有大公司的优势，但同样对人的要求也很高，而规模比较小的公司则更能直接反映出经营者或是责任人的人品来。因此，我们在选工作时，更要关注整个工作环境，而非只看薪资方面的条件。在面试时，要抱着不是自己被面试，而是自己在面试对方公司的心态，判断工作环境是否良好，今后工作是否会顺心等。

选择多动脑子、少伤神的工作环境

一直坚持工作的女性朋友中，有些被工作折磨得筋疲力尽，有些却对各种新事物充满热情。这种差异到底是如何产生的呢？

当然，睡眠是否充足，营养是否均衡，以及有没有定期锻炼等生活习惯会影响到一个人的精神面貌。但除此之外，我认为，一个思维活跃、工作有干劲的人看上去总是神采奕奕，而一个被迫左右周旋的人总是会一脸疲态。

一个人全身心扑在工作上，废寝忘食，不知疲倦，面部表情也会变得生动活泼。但当自己无法将全部精力集中在眼前的工作上，担忧前路如何，这也不行那也不行，茫然不知所措时，必然会身心俱疲。

当然，把心思放在正事上，保持积极的心态，思考这样做也许能行得通，那样做也许对方会满意，也未尝不可。职场中，真正让人伤神、耗费大量心力的其实是一些负面情绪，比如，总要看上司的脸色行事，成天想着“说这样的话会让有些人不悦，还是不要说了”，或者“我不知道自己哪里做错了，会让别人这么嫌弃我”之类的事情，惶惶不可终日。

用一个现在很流行的概念来讲，这就是所谓的“心理安全”的问题。如果身处一个能够不耻下问、畅所欲言、失败不会遭受惩罚，并且可以坚持自我的工作环境中，那么所有人都会干劲十足。若是能在这样的氛围里工作，自己也能永葆生机与活力。

人们都说，日本的上班族一心为公司，对公司非常忠诚，其实并不尽然。一系列调查显示：欧美国家的企业员工对企业更有感情，更关注企业的发展，也就是说，员工的归属感要更强。而很多日本上班族表示工作无趣，不服领导对自己的评价，对职场中的人际关系感到不满。特别是很多女员工觉得自己没有机会参与有成就感的工作，自己的付出得不到肯定，被区别对待，不满情绪非常强烈。当然，未来生活无着落、无稳定工作的合同工等非正式女员工也对现状感到不满。她们很难找到一份让自己满意的工作，只能干一份自己不钟意的、只为糊口的工作。她们极力忍耐着，将不满藏在心里。而相比之下，在美国换工作很正常，为了创造一个良好的工作氛围，同事之间会搞好关系，互相夸赞对方，并经常表达自己的谢意。老板为了增加与员工的交流机会，会在公司开办可带家人的宴会。而在澳大利亚，老板经常会邀请下属到自己家烧烤。当然，日本也重视职场中的人际关系，但很少会筹划能让大家尽情玩乐的活动。以前还会经常举办员工旅行、员工运动会等活动，现在越来越少了。可能日本人本身就不太擅长调动团队成员的积极性吧。

进入21世纪后，日本企业渐渐失去了原有的活力，无心去营造一种温情脉脉的职场人际关系，但工作负担却在不断加重。以前员工下班，还能聚在一起喝喝酒吐吐槽，或是参加一些放松心情的活动。如今这些都已成为奢望，无力应付职场的人际关系，罹患心理疾病的人越来越多。这并非因为年轻一代太脆弱，而是因为缺乏能营造良好人际关系的体制支持。

正式员工是终身雇佣制，可以一直在一家公司工作到退休。虽说他们身处的职场环境没有失业的风险，但工作压力却很大。比如，人事调动时，他们可能会被调派到一个压根不想去的地方，自己想干的工作和职位遥不可及，或是个人能力和业绩的评价标准模棱两可，自己无法接受公司对自己的评价，又或是沟通能力、与上司和同事的关系会影响到公司对自己的评价，等等。

如今，日本企业处于一个过渡期，聘用制度会因工作环境和企业文化而异。公务员和老牌的大公司仍旧沿袭着20世纪时日本的经营模式，论资排辈。在这个大集体中，员工会在不同的部门间调动。另一方面，进军互联网行业或服务业等新兴领域的企业则逐渐转变为信奉个人实力，用绩效评定的模式。企业规模的大小及企业今后会继续壮大还是衰退，很多因素都会影响到大家的选择。因此，大家在找工作前一定要调查清楚，然后做出判断。建议大家不要把目光锁定在一个行业，也可以尝试一下未曾涉足的领域。即便自己不准备在同一家公司工作很长时间，也建议大家选择发展势头好的公司，这样工作起来也会更有干劲。

因此，大家在换工作时一定要考虑清楚，毕竟新工作很有可能没有终身雇佣和论资排辈这一说。不一定非要从事之前的职业，也可以做一份完全没有经验的工作，开动脑筋学习新知识、掌握新技能。这样的工作态度会让我们活得更加神采奕奕。

我之前从事的是公务员的工作。这一职业一直沿袭着过去的模式，非常强调集体成员的步调一致。而外资企业和新兴企业所看重的，并不是一个人察言观色的能力，而是能出色地完成分配的工作。虽说这些企业工作量大，评价标准非常严苛，要求熟练掌握新知识和新技能，但那些优秀的女性都能在各自的工作岗位上大放异彩。来这些企业求职的人，不是抱着从一毕业干到退休，一干就是40年的想法，而是更看重今后5年，最多10年，在这个公司的发展前景。

那么，到底哪类公司适合自己呢？这当然因人而异。但今后日本企业的经营模式整体上会趋近于外资企业。在这样的企业里工作，员工不必过分察言观色，而要发挥聪明才智，完成严苛的工作任务，并不断提升业绩。这些都会成为今后换工作时的加分项。

当然，身在职场，一定要遵守职场人的礼仪和规范。不过，大可不必过分在意对方对自己的看法，深究对方言辞里的深意。有工夫琢磨这些事情，还不如一心一意扑在工作上，把工作干漂亮。这才是最高效的工作方式。只要能做出成绩，不必察言观色，也能让别人对自己刮目相看。

有些人觉得自己已经上了岁数，自信全无，认为自己一定要博得其他人的好感。但即便费尽苦心来讨好别人，也不会得到别人的尊重。不如不断提升工作业绩，掌握新技能、做出新成绩，换工作也会更容易。

在漫长的一生里，始终保持一份勤动脑、勇于挑战新工作的热情，绝对是不可或缺的。

从事一份新工作肯定会吃不少苦。因此，精力旺盛的人还可以尝试自己创业。有些人会以新技术和新的商业模式为依托成立初创企业，谋求长远发展。不过我建议大家可以选择低成本低回报的创业模式。比如，之前一直从事总务工作的女性朋友，可以成立自己的公司，以业务委托的方式承接相关的总务工作。

一开始为了节约成本，可以从小规模做起，不雇佣太多员工，也不必租赁办公室，线上办公即可完成大部分的工作和业务。可以承接以前工作的公司或是以前有业务往来的公司的业务。做这些业务时，一定要严守约定的交货日期和合同条款，保持良好的业务水平和职业规范。

第5章

选择决定命运

危机也可以变成机遇

大家肯定都听过“中年危机”这个词。人在从孩童过渡到成人，即青春期时，会经历各种心理危机。而有些人在40岁左右，人生过半时，也会面临很多身心不适和危机。

很多人一旦步入中年，眼睛开始老花，白发渐多，熬不了夜，体形也会发生较大的变化。这些身体上的变化，让人们不由得感叹：我也要面临中年危机了。还有些人会因为激素的变化而出现严重的更年期症状，更有甚者，会罹患乳腺癌等恶性疾病。

从某种意义上讲，很多人确实会面临这种身体上的危机，但更多的却是精神上、心理上的“中年危机”。据美国心理学会的一些调查显示：不论男女，近80%的人都会经历这种中年危机。

就女性而言，如果是全职太太，之前一直把所有精力放在育儿上，如今孩子已经长大，育儿的使命已然结束，而自己作为女性的美貌和魅力却在日渐消失。如果是一直坚持工作的女性，家人会觉得你把大部分时间都奉献给了工作，非但不会夸赞你，可能还会无视你，而自己在工作上又没有继续上升的空间。她们都会觉得自己的人生巅峰已过，白忙活了大半辈子，梦想和希望全都破灭了。这种心情低落，陷入焦虑或抑郁的状态就是所谓的“中年心理危机”。

55岁那年，我告别了公务员的职业生涯，进入大学任职，工作环境有了翻天覆地的变化。现在看来，当时我的年龄并不算大，却总觉得自己一无是处，人生已经在走下坡路，整日惶恐不安。虽说做公务员时自己的成绩还算可圈可点，但这些经验在新的工作岗位上根本派不上用场。因此，我对自己毫无信心。

如今，已过75岁的我不会再为将来的事情感到担心和焦虑。对于将来，多多少少肯定会有些不安情绪，但我不会再像50多岁时那样，整日坐立不安，觉得自己的人生已经走上了穷途末路。

另一方面，交织着迷茫与焦虑的中年危机，同时也是打开人生新篇章的契机。无论是谁，无论之前的拼搏奋斗获得了怎样的成绩，到了一定年龄都不得不离开现在的工作岗位，而子女长大成人后也不再需要父母的呵护与照顾。于是，我们渐渐明白，在这个职场中自己已无容身之地，得找一份新工作了。但实际上，大部分人都很难下定决心离开自己熟悉的岗位。但有时企业会要求员工主动提出提前退休，或是自己的身体出问题时，再不情愿也只能辞职。辞职看似是自己运气不好，但说不定也是一次机遇。

很多时候，我们会对新的工作和生活心生忧虑，但投入其中后会发现事情远比我们想象的要好很多。我们的人生还在继续，走着走着就会开辟出一片新天地。未踏上新征程前，我们总会担心未来，担心新生活会带给我们不便，因此不知所措，徘徊迷茫。熬过这段艰难岁月，一切都会变得更好。

人生变得越来越漫长，每个人在人生过半时都免不了要换一条人生赛道。以前，人生只有短短几十年，我们可以如短跑般马力全开，朝着目标冲刺。但如今，在这漫长的人生中，我们要做好心理准备，从一心扑在工作和育儿的状态中解脱出来，将目光投向新的世界，逐渐适应新的工作方式和生活方式。也就是说，人到中年，是时候换一条人生赛道了。

过去，人类的寿命只有50岁，很多年轻人因疾病或战争早早离开人世。逐渐地，人类的寿命延长到70岁，甚至90岁，今后我们又将步入百岁时代。如何过好自己的后半生？我们并没有先例可循，只能靠自己一步一步地摸索前行。

在这个人生过渡期里，彷徨迷茫在所难免。只要渡过这个危机，就会开启一段新的人生旅程。

不少女性朋友会担心自己一到中年，在男性眼中的异性魅力就会丧失一大半。这确实让人意难平，但大家不妨这样想：这并不是因为自己真的没有了女性魅力，而是因为男性太过纠结女性的年龄。这样一想，便能释怀。另外，不把男性当异性，而是当成普通朋友来相处，也能收获很多与女性朋友相处时体会不到的乐趣。而且，与和自己不同世界的人交谈，本身就是一件令人兴奋又快乐的事情。拿个人兴趣打个比方。参加茶道、花道或跳舞等兴趣活动的大多是女性，因此女性朋友不妨也加入围棋、爬山或打高尔夫球等男性成员较多的活动，总能结交到一些男性朋友。不把性别作为标准，而是找到志同道合的人，过充实的人生才是最重要的。

迎接新挑战，揭开人生新篇章

有些人一到中年，就觉得自己的人生已经没有什么指望了。这样想未免为时过早。即便是退休后，人生依旧很漫长，大家要如何过好自己的后半生呢？我认为不应把自己的人生阶段简单地划分为“上升期”和“下滑期”。“前半生年纪尚轻，就是在走上坡路；后半生年岁渐长，就是在走下坡路”的想法大错特错。我们的后半生并不是在不断失去已经得到的东西，而是有新的人生际遇和新的成长。的确，我们不再年轻，体力也大不如从前，但我们来到了新的人生阶段，有着不同于以往的目标和亟待解决的问题，也会品尝到人生中新的酸甜苦辣。

我们会认识更多的人，也会发掘出自己新的潜质和能力。

我们可以将人生分为4个阶段，每个阶段都有着不同的生活方式和目标。这4个阶段分别是：①学习期、准备期；②工作鼎盛期；③为社会或社区服务期；④遁世期（寻找无拘无束的自我）。在阶段划分上因人而异，不能完全以年龄一刀切。不过大致上，30岁之前属于学习期、准备期，30—50岁属于工作鼎盛期，50—70岁属于为社会或社区服务的时期，70岁以后属于遁世期。在每个阶段临近结束，即将进入新阶段时，人们总会感到迷茫和烦恼。因为我们已经习惯了之前的生活方式，就会担心在新阶段这种生活方式行不通，或是产生心理不适感。但是谁都无法预见新阶段的具体情形，因此就会对即将到来的生活感到恐惧。

50岁左右正处于从工作鼎盛期向为社会或社区服务过渡的时期。在此之前，女性的主要角色是母亲或职场人士，今后即将步入人生的第3个阶段，在更广阔的天地中寻找自己的位置。在从学习期步入工作鼎盛期时，大家也曾担心自己毫无经验和技能，不能适应职场的生活并担当重任；或是担心自己不能当好妻子和母亲。同样的，从工作鼎盛期步入为社会或社区服务期时，大家肯定也会担心自己无法在家庭或工作环境之外找到一席之地，或是担心自己一事无成。

有些在大企业或政府部门工作的女性朋友会选择一直在工作单位待到60岁左右。这种生活方式当然未尝不可，但绝大多数的女性朋友早已预料到自己今后在公司的处境。公司会对40岁以上（有些公司是35岁以上）的员工进行甄别，绝大多数员工会明白自己已经与高层或中级管理层无缘。虽然有一部分女性凭借自己卓越的才干，以及赶上重视女性领导者的全球化风潮，实现人生的逆袭，但对于大多数女性而言，是时候将目光投向职场以外更广阔的天地，并为之努力学习必需的知识和技能了。

正如不愿对孩子放手的全职太太很难步入下一个人生阶段一样，留恋公司职位和舒适环境的职业女性同样无法顺利步入新的人生阶段。

青春期是一个人从孩童向青年过渡的时期。这一时期我们会遇到各种各样的难题、迷茫和困难。同样的，从将工作事业摆在第一位的鼎盛期，向在更广阔的天地中寻找自我的时期过渡时，我们也会感到迷茫、烦恼和混乱。大家一定要做好接受这一切的心理准备。

我们要尽快让自己从追忆往昔岁月的伤感情绪中解放出来，放眼未来，认真思考今后想做什么事，需要做哪些准备工作。全职太太可以整理一下孩子的旧物，将子女的房间装饰一新，变成自己的书房或办公室；而职业女性则可以扔掉之前工作中用到的参考书或公司的相关资料，和过去的人生说再见。沉溺于往昔中毫无裨益，不如行动起来。要相信，这段人生隧道前面还有另一片新天地在等着我们！

此外，一旦步入中年，女性朋友会出现各种更年期症状。症状大小因个人身体素质和体力而异，其中有些女性朋友症状会比较严重。如果经常出现肩酸背痛或潮红等症状，影响到日常生活，一定不要掉以轻心，要尽快去医院就诊，接受必要的治疗。

身心是一体的。身体状况好转，心情也会随之变好。女性在四五十岁时都会经历激素骤变引发的身体机能紊乱，但熬过这段时期后，很多人在五六十岁时又会变得神采奕奕，身体状况也明显好转。

50岁是人生的转折点。我比大家早出生几十年，已经度过了人生的转折点。如今已经70多岁的我想结合自己的经历给大家一点建议。

女性的一生中，从20多岁到50岁左右，面临着有关就业、结婚、生育、家庭等各种各样的人生选择。每一个人都勇敢地面对自己的人生课题，不断克服艰难险阻，慢慢地走到了50岁的人生十字路口。每个人的人生经历各不相同，经济状况、职业、家庭状况、自身的健康状况，以及面临的困难和问题也不尽相同，不可一概而论。接下来，我想主要针对职业女性，提出一些建议。

我自己一直坚持工作，可以说是如今越来越庞大的职业女性群体的探路人。在我那个时代，很少有女性会像我一样把工作放在首位，而如今三四十岁的女性中，职业女性已占很大比例。而比我早一个时代的女性到70多岁时，早已垂垂老去，她们选择怡然自得地、安安稳稳地度过自己的余生。而我现在却完全不是这样的状态。对于很多女性朋友而言，人生后半场还有大好的时光等着你们！接下来，我将就今后大家会面临的各种问题，提出一些具体的建议，以供大家参考。

走进自己的内心

第一个问题就是我们其实并不了解自己的真实想法。

无论是一直坚持工作的职业女性，还是全职太太，对于即将到来的新生活，肯定都在暗下决心：人生后半场我要设立一个新目标！但绝大多数女性并不清楚自己能干什么，也不清楚自己想干什么。而不知道自己想干什么，比不知道自己能干什么更糟糕。这就好比一个即将面临升学或就业的高中生或大学生，不知道自己想上哪所学校或今后想干什么。这才是最麻烦的。

亚洲人从小接受的教育就是要扮演好社会赋予每个人的角色，尽到每个人应尽的义务。我们都在努力地做一个好女人、好男人、好孩子、好学生、称职的公司员工、称职的老师、称职的母亲、称职的妻子……但是从这个角色中抽离出来后，不少人根本不清楚自己到底能做什么，以及想做什么。或许是因为以前从来没有认真思考过这个问题，因此连自己都不清楚自己想要什么了。特别是女性，人们总是认为女性不应太过有主张和意见，凡事应当以丈夫和子女为重，先顾及家庭再谈其他。在日本传统的女性观里，身为女性，不应凡事自己做主，不能辜负父母、丈夫和身边人对自己的期望，对父母和丈夫要言听计从，这才是“好女人”应该做的。很多调查都显示，与美国、中国和韩国的高中生相比，日本高中生的自我认可度（认同自己的价值）和自我效能感（相信自己能够为社会做贡献）非常低。令人沮丧的是，不仅是高中生，连日本成年人的自我认可度和自我效能感也很低，并且女性在这方面比男性更低。

虽说法律和各种制度规定男女平等，但男尊女卑的价值观仍旧根深蒂固。事实上，日本女性得不到社会应有的认可，经济能力又差，很难对自己的能力和潜质保持自信。即便是少数成功女性，也缺乏自信，她们往往会把自己的成功归结为运气好，而非自己的能力。

而男性的话，其实越是在公司里呼风唤雨的人，越是没有底气。他们担心自己一旦离开公司，一个人很难适应新的生活，因此对公司的依赖感尤其强烈。而女性员工很少能在公司里担当要职，却很善于经营家庭、处理与家人和友人等各种人际关系。这些女性与公司以外的世界始终保持着联系，即便离开公司，也能很好地适应新的生活。不过，还是有很多女性觉得自己在职场里升迁无望，在社会里也会一事无成。

由此可见，能否提升自我认可度和自我效能感，是关系到能否顺利过渡到人生后半程的关键因素。

因此，重新看待自己，提高自我意识，是女性朋友必须要解决的一道难题。做好准备工作，才能顺利地过渡到新的人生阶段。这种准备不是指体力上的，而是指做好心理建设。大家要把自己从“事已至此万事皆休，我已无能为力”的消极心态中解放出来。相信自己只要用心定能成功，鼓励自己勇于尝试，并保持对新事物的热情。

然后，大家要认真思考，自己到底想干些什么，自己毕生追求的价值究竟是什么，是金钱还是地位，是家庭还是事业，是独处带来的自洽，还是与人交往时的乐趣？

但估计大多数人想破头皮，一时半会儿都想不出答案。什么都想试一试，却没有一件事能让自己愿意倾尽所有去为之努力。读到这里，想必有人会反驳：我就是因为还没想清楚到底想做些什么，这才迷茫啊！

但其实所有这些问题，在大家就业时、结婚时、孩子出生时，在每一个人生节点都应该想清楚。只是当时的我们选择了回避。但人到中年的我们已经无法再回避这个问题，是时候正视它了！

那么，到底应该怎么做呢？宾夕法尼亚大学沃顿商学院的斯图尔特·D.弗里德曼教授提出了“全面领导力（Total Leadership）”的概念。他认为，每个人都要认真地思考，自己在工作、家庭、社区和个人领域中，分别想达到什么样的目标，并制定具体的策略。也就是说，每个人要同时重视工作、家庭、社区和个人这四个领域中的成功，为此确立目标，并计划好何时该做何事、如何合理分配时间等。此外，创造一个可以彼此倾诉的空间，也能有效解决这个问题。

我建议大家少用电脑，少玩手机，分出一部分时间来思考这些问题。你需要暂时屏蔽纷至沓来的信息，专注于倾听之前忽略掉的真实的内心感受。这是步入人生新阶段必不可少的环节。比如，一日之计在于晨，大家可以在早晨抽出一些时间来放松。可以练瑜伽、做拉伸，也可以选择冥想。

一个人生阶段终结，即将步入新的阶段时，每个人都会面临很大的变化。没有一个人在前一个人生阶段终结后，马上就能适应新的人生阶段，并干劲十足地投入新的生活。我们一般都要花1—3年的时间，慢慢寻找自我。在这期间，我们要不断自省，寻找自己能做和想做的事情。

我从公务员退休来到大学任职后，前3年一直不清楚自己到底能做些什么，总觉得自己已经对社会毫无用处。这期间，我有幸以研究员的身份赴哈佛大学班廷研究所留学。我得以暂时离开日本，扪心自问到底能做些什么。这段时光对于我来说绝对是弥足珍贵的。渐渐地，我看清了自己的内心，我觉得比起赚钱，我更愿意从事能够造福社会的工作，今后还想从事一些非营利的社会活动。于是，我对下一个人生阶段有了一个模糊的规划。

只花1周、1个月、3个月，是无法明确制订下一阶段的计划的。我们至少要花1～3年的时间认真思考，经历举棋不定、权衡取舍的心理煎熬，才能对下一阶段有一个整体的规划。这就是所谓的“探索期”，也正是中年女性朋友们尝试与自己的内心对话、思考自己到底想做什么的时期。《论语》有云：“不愤不启，不悱不发。”当一个人不知道该如何表达自己的想法时，就会心烦意乱，无所适从。这样的状态持续一段时间后，说不定就会灵光乍现，说出一个足以表情达意的新词。同样的，当我们经历漫长的内心煎熬后，一定能寻觅到属于自己的一片新天地！

懂得关心自己

很多人都需要女性的照顾和帮扶，甚至一边心安理得地享受着她们的照顾，一边还要指手画脚，却很少有人会真诚地夸赞她们一句：“这么多年你真是辛苦了！”虽然历经坎坷，但她们遇到困难从没想过要逃避，就算生病也会坚强地忍着病痛，认真工作，照顾家人，努力地生活。

同为女性，我建议大家完全没有必要把自己逼得那么紧，不必总是鞭策自己要更努力、更优秀。而且，大家可以抽出一点时间来，审视一下日常生活和工作中哪些是自己擅长而喜欢做的，哪些又是自己不擅长而讨厌做的。

不要总是给自己加码，觉得身为女性就一定要会做这些家务，身为母亲就一定要把照顾孩子的责任全部揽到自己身上。学会放手一些自己不擅长的事情，心情马上就会变得愉悦起来。我年轻时就不擅长也不喜欢打扫卫生。但我总是劝说自己：作为一个家庭的主妇，我决不能在打扫卫生上偷懒，如果连分内之事都做不好，怎么给孩子树立一个好榜样呢？况且现在连卫生都搞不好，等老了以后，岂不是要住在一个垃圾成堆的家里了吗？于是我笨手笨脚地学着打扫卫生。但后来有一天我突然想通了，决定不再自己打扫卫生，而是委托给家政服务人员。不可思议的是，我的心情倏然轻快了很多。我很后悔没有再早一点，在工作繁忙的青年期放手这些琐事。不然我早就能体会到这种轻松的感觉了！

每个人都有自己擅长和不擅长的事情。我受邀写文章或致辞时，哪怕再忙都能应对自如，但要是让我托人帮忙办事，我却总是张不开口。事业有成的人，特别是女性，往往很善于拜托他人帮忙。她们善于精准判断哪些人值得托付，即使被对方拒绝，也不会失望，而是再去拜托其他人。这其实也是一种能力。心胸开阔的人，清楚自己没有这方面的才能，也清楚这种才能是求之不得的，必须接受现实。这样才能活得轻松。

因此，当我们在面对各种现实和选择时，无须舍弃整个人生，只需要放弃一些自己力所不逮的方面；也不必奢求拥有全部，要懂得舍弃那些对自己来说不那么重要的东西。

同样的，企业会舍弃那些入不敷出的业务，只保留那些能营利的业务。不能因为企业之前一直经营着这些日渐衰退的业务，就认定将来这些业务还能有所发展；也不能因为之前在这些业务上投入了大量的资金和人力，就一直这样耗下去。这是对经营资源的一种无意义的消耗，长此以往，整个公司都会被拖垮。同样的，一味渴求不属于自己的东西，只会让自己精神萎靡。不肯放手自己不擅长的事情，不仅会让自己身心俱疲，还会导致自我评价过低，进而质疑自己的能力，整个人就会变得颓废不堪。

当然，放手自己不擅长的部分的同时，一定要熟练掌握自己擅长的、喜欢的东西，并不断精进、提升技能。为自己喜欢做的事情去努力，想必也会乐在其中，干劲十足。要想享受充实的后半生，一定要有足够的活力和干劲。在前半生，我们要尽可能地开发自己的潜能，趁着年轻多历练、多积累。如果只选择自己喜欢的事情去做，未免有点可惜。有些经验和技能，学的时候不情愿，但之后可能会派上大用场。但在人生后半场，我们不如把全部的精力放在自己擅长的、喜欢的事情上。无论是舍弃不擅长的，还是全力投入擅长的事情，都需要我们做好十足的准备。

学会珍视自己

我要求昭和女子大学的每一个学生都要拥有7种能力，其中我最重视的就是“珍视自己的能力”。那么，到底什么才算是真的“珍视自己”呢？

可能有些人会觉得，每个人都会把自己放在首位，这是理所当然的事情；现在的年轻人总是以自我为中心，利己主义大行其道；应当让这些年轻人学着多体谅他人，多做些惠及他人之事，也要多关注社会。而现在，我反而还在谈“珍视自己”这种话题，实在有些莫名其妙。

但事实上，尽管现在已经不是从前那种男尊女卑的时代，但仍有很多年轻女性不懂得爱惜自己，甚至会放逐自我。那到底是什么导致了女性的自我放逐呢？40年过去了，人们还在把女性自嘲“我做这个不行”的态度看成是谦虚，不少女性也还被这种观念紧紧地束缚着。归根结底，女性自身还未从看轻女性的社会偏见中解放出来。

做自己想做的事情，首先要相信自己的能力。有些女性光看上学时的成绩，就断言自己不够聪明，干脆放弃认真学习；或是觉得自己在工作上反正也做不出什么大的成绩，就放弃在职场上的精进；有当志愿者或参与项目的机会时，她们也会说自己不行而自行放弃。还有些女性因为身材略胖，觉得自己不漂亮而有些自卑，就干脆整日不修边幅，或是通过极端的节食和锻炼过度减肥，伤害原本健康的身体。

每次看到这些不懂得爱惜自己的年轻人，我都会替她们感到不值。最让人痛心的是，有些女性选择和不懂得珍惜自己的男性交往，遭受对方的背叛、轻视，甚至是施暴，也不愿和对方分手。她们误以为离开这个男性，就再也遇不到一个和自己有过这么多交集的男人，离开他，自己会活不下去。实际上，就算离开这个男人，也照样能活下去，说不定还会遇到更优秀的男性。我希望这些女性能够及时清醒过来，学会珍视自己。只有挣脱错误意识的束缚，才能看到外面更广阔的世界。

但只是年轻女性才会有上面提到的这些问题吗？实际上，不管是到30岁、40岁，甚至50岁，还是有很多女性不懂得珍视自己。她们总是看轻自己，觉得自己事业上一事无成，学历也不高，就算现在开始努力，也很难有所作为，或是觉得自己只是个普通人（普通员工、普通的家庭主妇），就算再努力也于事无补。什么都不做反而更轻松，而且自己也非常害怕面对失败。

我所倡导的“珍视自己”，不是要女性朋友们过奢华的生活、追求安逸、随心所欲，或是全凭一己喜好做事，而是指发掘并发展自己的潜能，不断提升自己的长处。有些人总觉得自己就算再努力也赶不上别人，自己没有才能，或是自己意志力薄弱，抱着放任自流的态度，这其实也是不珍视自己的表现。自暴自弃的人，还能指望其他人尊重、爱惜自己吗？

就算自己没有特殊的才能，没有出众的样貌，不是名校毕业，也要坦然接纳自己的一切。否定自己，逃避现实，根本于事无补。总是抱怨父母不好，上的学校不好，纯粹是一种推卸责任的任性想法。而且，就算否定自己，也无法改变现实。因此，大家一定要做好接受现实的心理准备，拥有一颗强大的内心。

我自己是小眼睛、圆脸蛋，相貌平平，但我的母亲总是夸我“笑起来真好看”“笑起来真可爱”。因此，我从小就对自己的笑容很有自信，也会努力用微笑来表达自己的善意。我不擅长做家务，但孩子们总是夸我做的饭菜很好吃，每次都吃得津津有味。于是我在烹饪这方面也慢慢树立起了自信。

总之，大家不必执着于自己无法改变的客观事实，但在有可能做出改变的方面，哪怕只是一点点的改变，也要坚定不移地付出努力。这才是真正的“珍视自己”。不要错过任何一个可以促进自我成长的机会。这不仅对一二十岁的年轻人很重要，而且年岁越长，自我成长会变得越来越重要。

年轻时，人们彼此间的差距还不明显。随着时间的推移，这种差距会越来越大。到40岁以后，珍视自己的人和自我放逐的人之间终会形成一条巨大的鸿沟。

接好生命的接力棒

年轻时，有些人不愿接纳自己，总觉得自己一无是处，内心孤独，没有人能理解自己，觉得活着没有意思。即使我们的想法没有这么绝望，但人生不如意之事十有八九，当自己喜欢的人不喜欢自己、没能考入心仪的学校，又或是没能进入中意的企业工作时，失望在所难免。但就算世事艰难，难遂人愿，我们还是坚持走到了今天。

大家不妨稍微发挥一下想象力。正是因为父母的相遇相守，我们才得以来到这个世界上。再往前倒退一下，我们的祖先各自过着自己的人生，并生儿育女。感谢曾祖父逃过天灾人祸。感谢祖母战胜病魔，生下孩子，让他们的血脉得以延续到我们这一代。还要感谢上几代祖先没有在疫病和饥荒里丧生。大家可能觉得自己缩在这个社会的角落里，无足轻重，人生乏善可陈。但实际上，你接过了家族的生命之棒，奋力奔跑在历史的赛道上。再往前追溯，你会意识到，在这波澜壮阔的生命长河里，你的生命和远古时代的祖先，甚至更早的原始人紧密地连接在一起。这样一想，你就会觉得，如果不过好自己的人生，就对不起赋予我们生命的无数先人。

就算事业不成功，就算当不了有钱人，大家都要尽己所能，过好这一生，接好生命的接力棒。这就是生命的意义与底线。

当我们领悟了这些，人生就能过得顺意些。如果在此基础上，我们还能努力做出一些改变，那人生一定会过得更加多姿多彩！

永远不满足

大家应该都听过“知足安分”这个词。意思是“懂得满足，安守本分”。它要求人生在世，要对自己的现状满足，要明白自己的身份，满足于上天赋予自己的角色。

我在20世纪80年代初到美国留学时正值风华正茂。在那里，我目睹了优秀的年轻男女们奋力拼搏，不断地提升自我。“挑战一下吧”是他们当时的口头禅。这给我带来了极大的震撼。他们每个人都在最大限度地发挥着自己的能力，努力实现自我价值，在通往成功的道路上你追我赶。

正是这种力量带动了美国整个社会和经济，使其焕发着生机与活力。我不由得心生敬佩。与此相比，日本国民却耗费大量精力在察言观色上，比起突显个人能力，更重视团队协作。每个人都必须和其他集体成员保持步调一致，稍微提出一点自己的意见和想法，就会招致他人的冷眼与批评。于是，每个人都缄口不言。正因如此，日本的社会与经济才会一直发展乏力，长期处于停滞状态。要求每个人安分守己，不允许人们对自己被赋予的角色和立场产生任何不满，强迫人们压抑个人的能力与意愿，这本身就是一种非常陈腐的观念。

但近几年，美国追逐金钱的倾向愈加明显。随着经济全球化趋势加快，以“GAFA（Google、Apple、Facebook和Amazon）”为首的新兴企业迅猛发展。有才干的成功企业家将远超我们想象的高额报酬和资产收入囊中。另一方面，很多普通人拼命工作，却只能得到微薄的收入，未来看不到一点希望。美国国民的社会差距进一步扩大，形成了一道不可逾越的鸿沟。

日产汽车公司的前执行总裁卡洛斯·戈恩作为有才干的企业家，受到社会各界的追捧。他拿着高额报酬，乘坐专用商务飞机往返于世界各地，还住在奢华的豪宅里。

但就是这样一个企业家，他仍旧欲壑难平，无法满足于自己的收入。他觉得自己身为世界知名大企业的企业家，理所当然应该获得高报酬。但我想送他一句话：“知足者常乐。”赚的钱再多，却仍旧贪得无厌，这也是一种不幸。他们总觉得自己理应获得更多的收入，被这种贪欲驱使着，永不知足，也就永远体会不到幸福。想要更高的收入，想要出人头地，想要受到别人的追捧，想要身居高位……这种无边的欲望，容易让一个人热衷于争权夺利，被嫉妒蒙蔽双眼，甚至不惜触犯法律。

当这些活生生的例子摆在我们面前时，我们才会更加清楚地明白：“知足安分”能让一个人内心平和。从这个层面来讲，这种想法还是有一定的价值的。

但知足安分并不是指安于现状，对身边事不闻不问，只管自己一人安稳地度过余生。这其实是一种非常自私的生活态度。与之相反，有些人力求不断提升自身的能力与修养，致力于解决社会问题，希望尽一己之力改变世界。他们帮助处于痛苦或困境中的人，想要做成从前未成之事，明白从前未懂之道理。就算年岁渐长，我们也要始终保持这种更高层次的“大欲”。

以我自己为例，我在金钱和资产方面很容易满足，只要保证一定的生活水平即可。我从未想过要赚更多的钱，过更奢华的生活，拥有豪华进口车、大豪宅和各种珠宝首饰。我只想把昭和女子大学建设成更优秀的大学，做其他大学做不到的事，给学生提供更优质的教育服务。在这些方面，我从不会“知足安分”。

由我担任理事长的昭和女子大学属于中等规模的大学，共有7000多名学生。与一些规模很大、有几万名学生的大学相比，我们规模小，经济实力也有限。但即便如此，像我们这样中等规模的大学也能有所作为。教职工同心协力，为让学生们接受更好的教育，做出种种尝试。比如，联系美国州立大学天普大学成立日本分校，与中国的上海交通大学共同开发双学位项目，委托职业女性担任学生导师；在很多领域进行大胆的尝试。项目成功时我们会欣喜不已；进展不顺时虽觉痛苦，但仍会想方设法改进方案。在这方面，我们永远不会“知足安分”。

如今在日本，很多才能卓越的有识之士更看重工作的社会意义而非高报酬，他们在日本的教育和社会福利领域或在海外一直坚持从事各类社会活动。他们所追求的并非赚大钱，而是希望从事有社会价值的活动，或是帮助他人，他们一直活跃在非营利组织和公益法人等领域。

他们的这些善举深深地感动着身边的人，也让越来越多的人加入这支队伍。正是他们的努力，才让这个社会变得更美好。

此外，还有不少科学家和研究人员废寝忘食地奋斗在自己的岗位上，他们立志寻求新的科学发现，探索人类未知的领域。不少艺术家也在不断精进技艺，力求创作新的作品，为世人呈现耳目一新的艺术。因此，我们也不应知足安分，一直安于现状。

各位女性朋友，一味地知足安分，过安稳的生活并不一定有多么幸福。希望大家都能怀抱造福社会的愿景。专注于自己的梦想固然也是一种乐趣，但如果能给处于困境中的人施以援手，助力年轻人、下一代人实现自己的梦想，则称得上是一种高尚的人生理想。我希望更多的女性朋友都能树立这样的人生理想，充实地过好自己的后半生。这样的女性绝对能够改变周围的人。就算当不了高管、进不了政府高层，只要努力去做自己力所能及的事情，就一定能慢慢地改变这个世界。比如，号召全社会反对欺凌，帮助生活无依的单亲家庭，支持优秀的企业等。只要能坚持尽一份微薄之力，就算无法取得很大的成绩，但有了水滴石穿、成年累月的积累，总能看到一点成效，同时自己也能获得精神上而非物质上的巨大回报。

因此，我认为，在满足资产和地位等物质层面的个人欲望上，我们应当学会“知足安分”；而在社会领域、专业领域和精神领域上，则要永远不满足，始终保持更高层次的追求，倾尽全力地去生活，过好自己的一生。这才是最好的人生态度。

后记

人生过得如何，
最终都取决于自己

不必刻意讨好，不必过分依赖

女性朋友不仅要过好自己的前半生，更要过好自己的后半生。最重要的是，要做好心理上的准备。我们在踏入不同的人生阶段时会感到忐忑不安，那是因为我们没有做好充足的心理准备，没有清楚地认识到人生的选择在于自己。

不少女性会担心一个人能不能养活自己，会不会孤单，晚年的资产够不够养老，生病了怎么办，丈夫先一步离世自己孤身一人该如何，子女能不能过好他们的生活……的确，所有这些事情都有发生的可能性。但没发生之前，光是担心也没用。如果没有足够的资产傍身，那就尽量多工作几年；孤身一人时也要慢慢习惯孤独；担心老了生病没人照顾，那从现在起就要关注健康，养成良好的生活习惯。只要准备充分，提前做好规划，哪怕是孤身一人，也能活得很好。情况往往会比我们想象的要好。恐慌、手足无措都无济于事。事到临头，我们不得不接受现实，永远不要把自己的祈愿和现实混为一谈。

看到别人过得好，就觉得别人运气真好，人生一帆风顺，因而心生艳羡；同时又开始埋怨命运不公，偏偏只有自己受苦受难。这种心态只会让自己越来越不幸。

无论如何，都不能看轻自己的人生。

随着年岁渐长，我们容易像年轻时那样，对他人抱有期待，总希望别人能助自己一臂之力，别人会同情自己，或是寄希望于社会。但大家一定要明白，自己的人生终究只能靠自己。明白这个道理后，我们才会拼尽全力去做现在该做的、力所能及的事情。

做好心理准备，并不是让大家拿出勇气以悲壮的心情孤注一掷。我希望大家明白，自己的人生过得如何，与别人无关，最终都取决于自己。只有看清这一点，我们才能乐观地看待一切，明白慌乱无措终究无济于事，倒不如认真地过好每一天，并始终相信明天会比今天更好。

最后，我想对所有女性说：“不必刻意讨好，不必过分依赖，珍惜每一天，过好自己的一生吧！”

浙江省版权局
著作权合同登记章
图字：11-2023-176

责任编辑：瞿昌林
特约编辑：周晓晗 王 瑶
责任校对：高余朵
责任印制：汪立峰

图书在版编目（CIP）数据

女性的选择 / (日) 坂东真理子著 ; 李中芳译. --
杭州 : 浙江摄影出版社, 2023.8
ISBN 978-7-5514-4547-4

Ⅰ. ①女… Ⅱ. ①坂… ②李… Ⅲ. ①女性－人生哲学－通俗读物 Ⅳ. ①B821-49

中国国家版本馆CIP数据核字(2023)第099884号

NÜXING DE XUANZE
女性的选择

［日］坂东真理子 / 著　　李中芳 / 译

全国百佳图书出版单位
浙江摄影出版社出版发行
地址：杭州市体育场路347号
邮编：310006
网址：www.photo.zjcb.com
印刷：天津联城印刷有限公司
开本：880mm×1230mm　1/32
字数：108千
印张：7.5
2023年8月第1版　　2023年8月第1次印刷
ISBN 978-7-5514-4547-4
定价：59.00元

快读·慢活®

《向下生根，向上开花》

93 岁职场硬核奶奶写给普通人的人生智慧

一位普通职场女性深耕自己所在领域、坚持工作 67 年的真诚分享。在书中，她探讨工作技巧与习惯、沟通方法、心灵启示和生活哲思等多方面，是职场工作术，也是人生指南针。

老奶奶诚恳、充满亲和力的语言中蕴藏着工作与人生的真理。她说凡事彻底，清扫尤其重要；她分享自己规律饮食、定期锻炼带来的益处；她分享为打造女性也能大展拳脚的职场环境所作的努力……告诉你如何快乐地工作，尽兴地生活。

不躺平，不焦虑，找到属于自己的领地，尽兴而活。适合每一个在挣扎迷茫并努力生活的你！

快读·慢活®

《女子工作术》

写给职场女性的高效工作术

工作只是手段，生活才是目的。职场上的人际关系和工作内容无法轻易改变，但积少成多的小巧思可以让工作和生活变得更顺心。

本书作者结合自己多年的工作和创业经验，详细介绍了88个提高工作效率、提升生活品质的简单又实用的小巧思，覆盖时间管理、职场技能、人际沟通、自我提升、整理收纳、情绪调整等多个维度，为职场女性提供更好的工作和生活助力。高效工作是为了更好地生活。希望这本书能在你工作碰壁、身心俱疲的时候成为照亮前路的一盏明灯。

快读·慢活®

《高财商女子养成术》

养成 26 个理财小习惯，拥有富人思维

本书是由日本一级理财顾问、日本金融学习协会理事——大竹乃梨子写给千万女性的理财指南，教你改变思维，在日常生活中养成 26 个小习惯，培养理财意识，拥有富人思维。

作者针对女性单身、婚后、养育子女、老后等不同的人生阶段，在存钱、购买保险、买房置业、投资理财以及自我提升等多方面，掌握基础的理财知识，懂得灵活运用生钱之术，制定适合自己的财务计划，最终实现财务自由！

书中还介绍了女性应该如何通过爱惜自己、磨炼自己、提升自己，培养并提高财商，拓宽人生与金钱的“轴”，从而提升女性魅力。

快读·慢活®

从出生到少女，到女人，再到成为妈妈，养育下一代，女性在每一个重要时期都需要知识、勇气与独立思考的能力。

“快读·慢活®”致力于陪伴女性终身成长，帮助新一代中国女性成长为更好的自己。从生活到职场，从美容护肤、运动健康到育儿、家庭教育、婚姻等各个维度，为中国女性提供全方位的知识支持，让生活更有趣，让育儿更轻松，让家庭生活更美好。